時空の旅人

Space-Time
Travelers

嘉栄 健ハル

東京図書出版

目 次

旅　人 ……………………………………… 7

夢の中　　　　　　　　　　　　　　　9

　　　　　46億年前

第一章　天地創造 ……………………… 10

　　　　　地球の活動
　　　　　40億年前　海の生成

第二章　生命誕生 ……………………… 21

　　　　　38億年前

目覚め　　　　　　　　　　　　　　　31

　　　　　地質時代

第三章　進化と生態系 ………………… 32

第一幕の世界　　　　　　　　　　　　34

先カンブリア紀

古生代

カンブリア紀　5億4200万年前

海の世界

プレートテクトニクス

動物の誕生

海の脊椎動物

魚類の誕生

オルドビス紀　4億8830万年前

中生代以降

湖・川・沼の世界

地上の世界

植物

5億年前

微生物

シルル紀　4億4370万年前

昆虫

3億6000万年前

進化の過渡期

第二幕の世界　突然変異したものたち

川と陸の脊椎動物

両生類

デボン紀　４億1600万年前

両生類から爬虫類へ

爬虫類

石炭紀　３億5920万年前

中生代

恐竜の時代　三畳紀　２億5100万年前

ジュラ紀　１億9960万年前

白亜紀　１億4550万年前

鳥類

二畳紀（ペルム紀）　２億9900万年前

哺乳類

新生代

古第三紀　6550万年前

新第三紀　2300万年前

動物の移動

霊長類の出現

第四章　人間への旅 113

700万年前　ヒトのはじまり

600万年前　猿人

200万年前　原人

60万年前　旧人（ネアンデルタール人）

20万年前　新人（ホモ・サピエンス）

10万年前　人種

5万年前　遠征と移動

鉄と火と銅の発見

3万年前　定住生活

農耕への挑戦

1万年前　文明の始まり

現　在

悩める人間

愛玩動物

動物の能力

日出ずるところ

第五章　自然と環境 146

第六章　運　　命 158

新自然の法則

生態系の変化

人間社会の変化

地球の破壊

時　間

回　想

未来から 175

旅　人

　かれの寿命は32時間である。現在は昼の12時で、一生の半分が過ぎている。

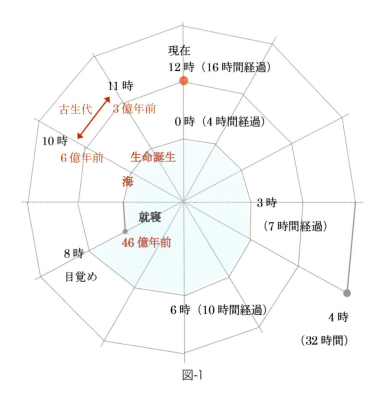

図-1

　昨日の夜8時に床に就いている。目覚めたのは翌朝の8時

である。しかし寝ぼけているせいか景色がはっきりしない。
かれは夢の出来事をゆっくりと回想する。

夢の中

46億年前

　はるかかなたに無数の小さく弱い光がみえる。その一部は姿を現し、音もなく風も起こさず惑星の軌道を横切る。弾道は青白い筋を残すが、やがて消える。そしてこのときたった一つの彗星(すいせい)が第三惑星に衝突する。彗星は惑星の深部に突き刺さり砕け散る。その破片の一部（氷）は月にまで到達し溶けてなくなる（クレーター）。また一部は太陽をまわる小惑星となる（イトカワ）。地球は激しく震動し地軸が大きく傾く。しかし公転の軌道を逸脱することはない。またこれによって地球の磁性体としての極が、急激な変化により、新たな地軸の極と一致しなくなる。

図-2

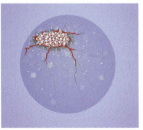

図-3

第一章　天地創造

　地球誕生時、外殻が固まりしころは地球の内部のマントル
も規則性を持って回転していたが、彗星の衝突によって地軸
が大きく傾斜（23.4°）し、新たな回転が生まれる。地球内
部でマントルは複雑に動く。複雑な運動はしばらく続くが、
長い時間を経て、マントルは規則性を持つ。その後、地球外
殻部では別のさらなる運動が起こる。

　初期の層はそれぞれの化合物が一定の厚さで均等に配列さ
れている。しかし彗星の衝突によりその層に亀裂が生じ、そ
こからさまざまな液体・気体が噴出する。層の下では圧力が
下がり収縮を起こす。地殻となった層では、収縮と膨張（地
球の自転による遠心力）によって新たな亀裂が走る（プレー
トの形成）。そしてそれまで秩序立って層をなしていた化合
物はその移動によって拡散され、また新たな化合物・混合物
をつくる。

　彗星の破片や粉塵は地球を覆い、太陽の光を遮り地球の熱
エネルギーも閉じ込める。そして大気となる空間が誕生す
る。そのあとそれまで以上の速さで化学変化が起こり、さま
ざまな化合物がその中で生成される。

　大気は水素・酸素・窒素がほとんどを支配する。それらは

夢の中

水蒸気やアンモニアなどのガスに姿を変えて大気を膨張させる。同時に水蒸気は化学反応による熱エネルギーを大量に放出し、高温の下で硫黄や炭素などが溶け出す。そして新たにメタンガスが次々に発生し瞬時に爆発する。二酸化炭素は大気に占める割合を高め、硫酸はあらゆるものを溶かし、膨張と爆発と炎の嵐で地球は巨大な火の玉となる。

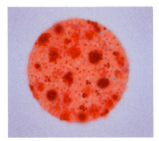

図-4

炎の熱は月をも焦がす。

地上に残された彗星の欠片(かけら)は瞬く間に溶け出し[※1]地表を覆う。大気には水蒸気と窒素・酸素そして二酸化炭素が、はるか宇宙との境には水素がたくさん残っている。彗星の粉塵は、さまざまな物質と混じり沈降する。そのとき太陽の光があらゆる現象を映し出す。と同時に熱エネルギーは宇宙空間に放出される。水蒸気はいろいろな物質を取り込みながら

※1　彗星は大部分が氷である。

「地」へ落ち再び熱エネルギーを受け取って大気へ戻る。大気にはまだイオン化した分子や化合物が多く存在し、離れた電子は大気の中を迷走する。それは光として地球の形を浮かび上がらせる。

地球の活動

　地球が誕生して間もないころ（4億年くらい）は地殻が薄く流動的である。これは自転とマントルの動きに影響される。地球内部では大小さまざまな回転や上下運動が至るところで起こる。それは打ち消し合って消滅したり、重なり合って巨大となったり。不規則な運動はあらたな亀裂を生む。

　地球の割れ目からは途切れることなくガスとマグマが噴き上がる。降水が地殻を冷やす。地球は若干収縮し、地殻の上にはマグマが姿を変えて降り積もる。収縮は終わり、地殻が噴出する割れ目に吸い込まれる。長い営みのあと地殻の厚さは100kmに達する。噴出が止んでも地殻の割れ目への移動は止まず、そのまま地球内部へと沈んでいく。地殻の移動はマントルの運動と一体となる。

　地殻変動によって硬い岩盤とやわらかい岩盤が混じり合う。または重なり合う。もしくは衝突し合って山や台地をつくる。

➢ 造山運動

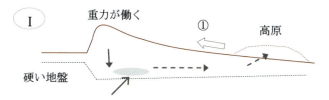

②活動休止 → 力のバランスがくずれ地震（深さ40km）→ 断層

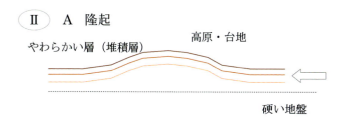

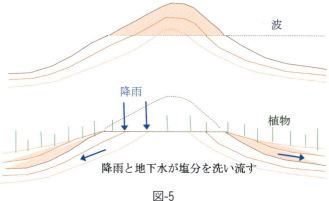

図-5

➤火山活動

　地殻の動きでマグマが活発になる。突発的に地震が発生する（第一段階）。第二段階でも地盤を揺らすが、微妙な揺れは人間にはわからない。多くの温泉地がこの段階にある。蒸気を発しているところは、エネルギーが地上に放出されて比較的安定である。第三段階では噴出口がふさがれ、突然噴火が起きる。そして巨大な山を形成する。そのあと流出したマグマの量だけ山や周りの地盤は陥没する[※2]（図-7 Ⅱ、Ⅲ）。

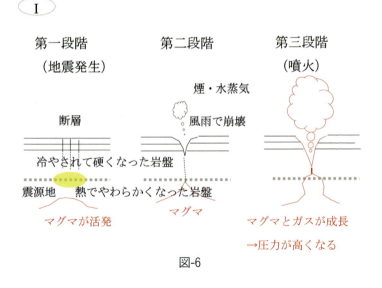

図-6

[※2] 阿蘇山、桜島と錦江湾、富士山と富士五湖など。

Ⅱ

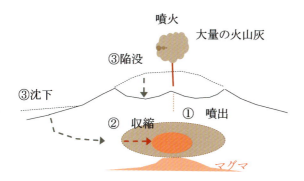

Ⅲ

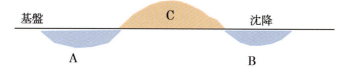

図-7

➤ 大気の運動

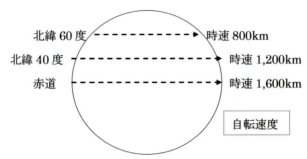

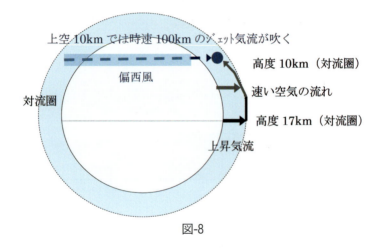

図-8

夢の中

40億年前　海の生成

　爆発は上空で絶え間なく行われる。その下で水蒸気は液体から気体、気体から液体への変化を絶え間なく繰り返す。

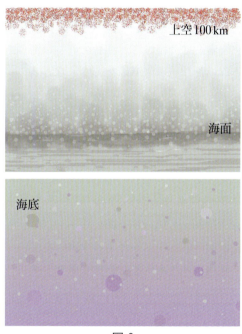

図-9

　水の粒子は巨大になり、地球に引き寄せられて地上で沸騰する。一方、亀裂からの酸素・水素・酸化物・炭化物などの噴出は止まらない。それらは上空へ押し上げられ、さらに爆

発を大きくして止むことがない。

　１億年の後、地表は混濁した液体で覆われ、水蒸気は冷やされて水の量を増していく。混濁した液体は水に溶けないものを沈降させるが、深い水の底は熱く、近づくにつれ沸騰して撹拌される。海底の亀裂が地球内部の高熱を大量に放出し、そして大量のガスを噴出する。海は炭酸ガスが沸騰し大気は二酸化炭素が増え続ける。海底の高熱は海面近くで下がり、その温度が大気の温度と混じり一つになる。水平線はなく、境界がわからない世界で大小の液体の 塊 が漂う。その上に粒の大きい水蒸気の白の世界がある。

　しかしやがて噴出口は徐々にふさがれ、地球内部からの熱とガスの放出は途切れがちになる。海面は徐々に冷やされる。そしてまたあらたな亀裂から大量の熱とガスを放出する。気体の大部分は安定した水蒸気に変わり、主にアンモニアと二酸化炭素を溶かし上昇と下降を繰り返す。上空の爆発はいつしか止み、そこに水素と窒素が残される。

　海は強烈な塩基になっていて pH の測定は不可能である。あらゆるイオンがぶつかって安定した物質になろうとしている。生成された化合物の反応熱は海水温を上げる。イオン分子はより活発になって、くっついたり離れたりを繰り返す。

　それから２億年が経過する。ようやく海水は安定する。

夢の中

　誕生時の海水量の半分は彗星がもたらしたものである。残りの半分は地球内部から生成される。大量にあった二酸化ケイ素（火成岩[※3]の主な成分：SiO_2）がマグマよりずっと高い温度で酸素ガスを分離、水素と結合し水蒸気ガスが発生する。水蒸気ガスは至るところから噴出する。

　今でも深海では金属類を溶かしながら熱水を噴出する。

➢ 超大陸

　10億年前　　　　　　ロディニア　～7億年前

　6億年前（古生代初）　ゴンドワナ　～5億年前（古生代中）

　3億年前（古生代終）　パンゲア　　～2億年前（中生代初）

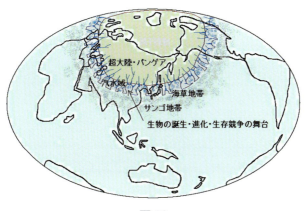

図-10

[※3] 重量百分率で約1％のH_2Oを含む。

現在砂漠となっている地域は当時汽水域で、生き物が繁殖し、生命活動の舞台であり、進化を遂げたところでもある。魚類→両生類→爬虫類→恐竜。その地域および南側の遠浅は、古代に生きた藻類の死骸が堆積する。それは長い時間をかけ、将来化石燃料となる。

夢の中

第二章　生命誕生

38億年前

　いまだ地球は灼熱の地獄である。気圧は10,000 hPa。大気は白く海はどす黒い。鉛のような海は浅く闇の世界である。二酸化炭素と水蒸気の大気が地球を覆い、はるか上空には窒素と水素がまだ化合物とならないまま存在する。水素と酸素の反応熱で大気の温度は100℃を超えている。

　さらに数億年。気圧は5,000 hPa、気温は50℃まで下がる。水蒸気が海に加わり海の層が厚くなる。ようやく太陽の光が海面に届く。そこには炭酸ガスの泡が広がる。

　数億年におよぶ地球の初期の運動によって陸地は広大になる。その陸地の端には淀み（入り江・湾）ができる。

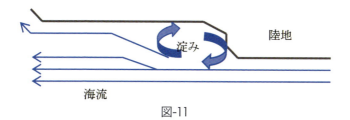

図-11

　海流がアミノ酸を運び、ちょうど部屋の片隅で埃ができるようにその淀みでタンパク質が誕生する。しかしそれまでは

大きな塊になったり壊れたりを繰り返して安定しない。安定し生命が誕生するまでには数億年の歳月を要する。さらに誕生してもすぐに消滅する期間が長く、次項の第五段階まで進むのにさらに数億年かかる。

　この年数はアミノ酸同士が出会い結合し、高分子タンパク質となる確率でもある。

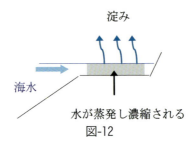

図-12

第一段階　高分子の生成

　海面より数百メートルの海底は未だ熱が冷めきらず水温は50℃近くある。地殻の亀裂箇所は熱水噴出口となり、そこは高圧下で水温100℃をはるかに超える。

　高温・高圧下で有機化合物の一部のアミノ基（–NH$_2$）やカルボキシル基（–COOH）が生成される。そして両者が結合しアスパラギン酸やグルタミン酸などのアミノ酸ができる。やがてそれらを含む数万の分子が巨大な塊となってタン

夢の中

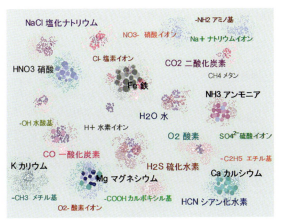

図-13

パク質になる。それはあらゆる種類と数を無限に増やす。

　一部のタンパク質の内部では、ナトリウムなどを含む塩基が、さまざまな分子や酸と結合してデオキシリボ核酸（DNA）をつくる。外部からいろいろな塩基が進入し、適合するものは鎖のようにつながっていく。そして76個のアミノ酸からなるタンパク質が細胞をつくる。最初ウイルスが誕生するが、かれらは温度や湿度の変化で生成・消滅を繰り返す。はっきりとした外殻を持たない物体である。まだ細胞として未完成なのである。

　生物は、海に溶け込むこれらさまざまな物質で形作られる。多く存在するものがそのものを形成しやすい。イオンであった物質が安定した化合物となり、化合物同士が熱や圧力

または強い衝突によって大きくなる。

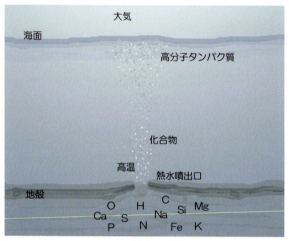

図-14

これらの元素は将来、生物体内で次のような働きをする。

O, N	動植物の組織
Ca, Mg, Si, P	外殻や骨格形成
H, O	エネルギー交換
Na, K, Cl	細胞液の電解質や浸透圧の調整
Fe, Cu	酸化還元反応の触媒
Ca, Mg, Co	酵素活性剤

夢の中

第二段階　結合と反応

　さまざまなタンパク質は、海の中のあらゆるところで生成される。その分子数は数百万以上にもなる。海は酸性の世界で、いろいろな塩基やイオン化した分子であふれている。そこで化学反応が起きて初期の細胞ができる。単細胞生物が誕生し、またたくまに全海域に拡散する。それらは海中の有機物が持つ弱い電気などから生命が維持される。

第三段階　分裂という成長

　海で生成された細胞の中に葉緑体を持つものと持たないものが出てくる。さらに成長するもの、そうでないものも生まれる。細菌以外の植物や動物は細胞小器官が重複し分裂させるが、その細胞同士は弱い電気によって引きつけ合い離れることはない。しかし成長しない単細胞生物は、分裂個体が離れ離れになる。そして外部からの刺激（光と温度、菌類は湿度、微小生物は温度、その他微弱な電気）によって反応し活動する。そして細胞と生命活動を決める核酸の塩基対に新たな塩基が追加されていく。

第四段階　代謝とエネルギー

　細胞は物質を取り込み、活動に必要なエネルギーに変換する。初期の段階では取り入れた物質の一部を変換に利用し他は放出していたが、そのうち放出をやめ持続的にエネルギーをつくることになる。そして最後にガスを放出する。

第五段階　子孫（後継者）

「成長するもの」は細胞分裂の途中、外部のなんらかの作用により細胞の一個ないし数個が本体から切り離される。それは「成長するもの」すべてに起こる。切り離された細胞の中にはDNAが存在する。切り離されたばかりの細胞は、他の同じ状態の細胞と結合する。そして互いの遺伝情報を交換する。ここで新種が誕生する。異種の細胞の結合はDNAの塩基数が大きくなって突如止む。同時に「卵」という遺伝情報をつくる。それは、切り離された細胞が「卵」に生まれかわった瞬間である。ここではまだ無精卵で生物に雌雄の区別はない。

➤突然変異（♂と♀）
　地球のガスが化学反応で水や水蒸気に変わったとき、酸素

夢の中

ガスはほとんど残らない。オゾンO_3も発生しない。太陽光線は常に地球半分に降りそそぐ。そして放射線はすべてのものに照射する。

あるとき大部分の生物の生殖遺伝子に突然変異が起きる。「変異した卵」は自力で泳ぐことはできるが、子孫を残すことはできない。その精子は卵子をめがけ攻撃を開始する。卵子は最初の攻撃を受けたあと、すぐに防御態勢に入る。最初に攻撃した精子の遺伝子は、卵子の遺伝子に組み込まれる。そしてあらたな生命が誕生する。

生命の誕生は小宇宙である。卵子は地球で精子は彗星。卵子に精子が衝突し細胞分裂を起こす。それは衝突で地殻が割れることである。

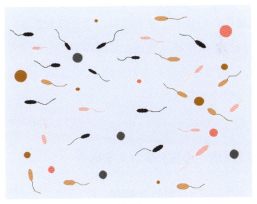

図-15

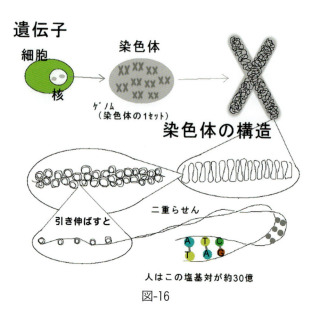

図-16

　一般に進化というと、その種のカラダの大きさや各種機能が複雑(高度)に推移(発達)していくことを言うが、もし「進化」を定義づけるとしたら、DNAの塩基対の数を基にするのが科学的であろう。

ある器官(例：心臓)をつくる場合

「細胞Aをつくる」「細胞Bをつくる」「AとBを取り込む」「筋肉をつくる」「細胞Cをつくる」「Cで血管をつくる」「そ

夢の中

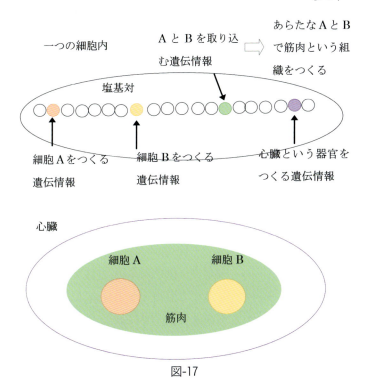

図-17

れらを取り込む」「心臓のかたちをつくる」心臓をつくるためには、これらの情報に個々に命令を出すものがなければならない。そして実行するものがなければならない。「命令 ── 情報 ── 実行」のうち情報と実行は同一かもしれない。

　あらゆるものは、外部から何らかの力が働かないと（作用

がないと）動かない（変化しない）。ここでは命令である。物理学では慣性と言うが、これが自然の法則である。

　遠い先祖からの生命の引き継ぎは遺伝情報の蓄積でもある。現在に生きるものはそのすべてを利用しているわけではない。環境にそぐわない情報は「命令」されず放置される。また使用しないカラダの部位の情報も「命令」されなくなる。これは「退化」である。しかし情報があるかぎり復活する可能性はある。

　大気を覆う水蒸気の中をすり抜けた光が、海面を漂う生物に刺激を与える。それによって植物となるものは葉緑素を持つが、持てなかったものは電気刺激で行動する。かれはその後、海中の電解質が少なくなると、自らの意思で行動する。それを光の刺激が助長する。しかしカラダはまだ微小である。
　微生物の働きで海は透明さを増す。光は屈折し反射しながらも浅い海底へ届く。植物はそこで根を張る。
　生き物たちが太陽の光で生き続ける術を知る。

目覚め

地質時代

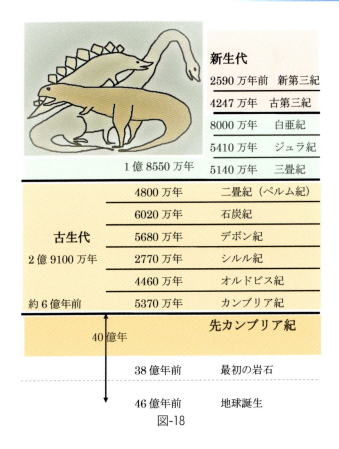

新生代	2590万年前	新第三紀
	4247万年	古第三紀
	8000万年	白亜紀
	5410万年	ジュラ紀
1億8550万年	5140万年	三畳紀
古生代	4800万年	二畳紀（ペルム紀）
	6020万年	石炭紀
	5680万年	デボン紀
2億9100万年	2770万年	シルル紀
	4460万年	オルドビス紀
約6億年前	5370万年	カンブリア紀
40億年		**先カンブリア紀**
	38億年前	最初の岩石
	46億年前	地球誕生

図-18

第三章　進化と生態系

　それは完成形へ向けて、その環境下における試行錯誤の過程である。生物の進化は遺伝情報の突然変異と異種結合、そして環境に適応した後天性による。それは先祖からの幾世代にもわたる努力の結果でもある。

➢ニワトリと卵

　ある二人が、ニワトリが先か卵が先かについて水掛け論をしている。そこへ別の男が割って入る。

「現在のニワトリと卵を見て議論してもだめだ。今のニワトリは進化したあとなのだから、先祖の生き物を探さなければいけない」

「しかし先祖の生き物も卵からかえったわけだから、どちらが先かわからない」

　二人はあくまで卵にこだわっている。

「最初生き物が誕生し、子孫を残すためのひとつの方法が卵だった。それが成功したから現在まで続いている」

　結論は簡単だった。現状だけですべてを判断せず、つねに先祖と進化を考えなければならないと教わった。別の男はさらにこう付け加える。

目覚め

「ちなみに今のニワトリは後の人間が改良した鳥だから自然
の進化とは違う。ニワトリを例にとるのは良くない」

第一幕の世界

先カンブリア紀

➤原核生物（細菌）と原生生物

　高温の地球で細菌が光合成を行う。海中に豊富に存在する二酸化炭素と硫化水素などの還元物質から、光エネルギーを利用して炭水化物と水を生成する。次に緑色植物が二酸化炭素と水から、光エネルギーを吸収して[※4]炭水化物と酸素を生み出す。

　単細胞植物（バクテリア）にかわり藻類が海面を覆う。そのあと出てきた酵母菌が、役目を終えた藻類の死骸の中で繁殖する。藻類を分解し生成したアルコールと二酸化炭素は、死骸の中に封じ込める。そこでは長い時間の間に化学変化が起きる。

　海底は海洋を押し分け新たな大地をつくる。大地は大きく波打ちふたたび沈む。そこは浅瀬となり、その海岸線も低い大地も湿地帯となる。藻類に快適な環境が長く続く。かれらは胞子を飛ばし全陸地に進出する。その中から将来の苔が誕

[※4]　吸収される光の35％が光合成に用いられる。

第一幕の世界

生する。大地は緑に覆われ、海は緑藻類が密集し、地球は
まるで巨大なマリモ[5]だ。そして沿岸地域はエメラルドグ
リーンである。

　100年、1万年、1億年と時が流れて海中および大気の
CO_2が減っていく。そして酸素O_2が増える。海底に蓄積さ
れたバクテリアとプランクトンの死骸は、その高さ数メート
ルにも達する。それが地球全体を覆う。やがてそれはあらた
な堆積物に押され、密閉された高圧下で化学変化を起こし、
長い時間をかけメタンCH_4と黒い液体(石油)になる。
(もし地下の化石燃料が燃え尽きたら、その時代の大気の二
酸化炭素と同量となるだろう)

　数億年が過ぎて原生植物の全体量が少なくなってくるころ
には、大気中の二酸化炭素は当初の2分の1になる。そして
海水と地表は徐々に冷やされていく。大気圧は2,000 hPaま
で下がって湿度も80%まで下がる。海水面は10 m近く上昇
する。
　静かな湾は海流の影響がないため、つまり環境変化が小さ

────────────────

[5]　浮遊性藻類(植物プランクトン)は地球上の全光合成量の90%を
　　　行う。

35

いため生物は成長しやすい。次々に新種が誕生する。そして
「生命活動」へと展開する。

　さして変化のない時間が長く続く。その時にわかに大地が
動き始める。突然白い噴煙が上がり、赤い蒸気のあとからガ
スの炎が地の底から天へ立ち上がる。引っ張られた真っ赤な
溶岩が地上で爆発する。これを何度も何度も繰り返す。海洋
では巨大な水柱が至るところでわき上がり海面は状態を成さ
ない。
　こういう地球の活動が繰り返されると、地球は緑から灰色
の世界にかわる。地球はふたたび高温の大気につつまれる。
高温多湿は雨を降らせる。これによって汚れた空気は一掃さ
れる。また雨は川をつくり大地を削る。水に溶けた物質は海
に到達し、そこで有機物は生物の糧に、必要とされない無機
物質はそのまま堆積されて後にミネラルとして活用される。
陸上の緑藻類は地球の地殻変動によってその多くが海中に沈
む。一部の藻類は、わずかな水を求め、あらたな岩石の大地
に進出する。

第一幕の世界

カンブリア紀　５億4200万年前

海の世界

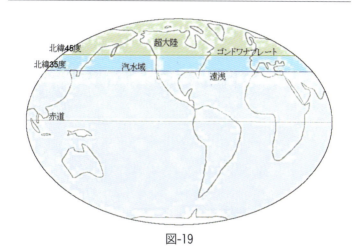

図-19

古代の海は炭酸飲料（H_2CO_3）のようである

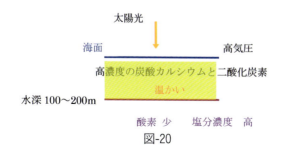

図-20

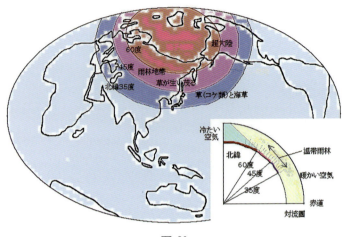

図-21

　目がまだ十分に発達していない棘皮動物(ヒトデ・ウニ・ナマコ)、原索動物(ホヤ)、原生生物(ゾウリムシ・アメーバ)、海綿動物(カイメン)、刺胞動物(クラゲ・サンゴ・イソギンチャク)が暗い海中で競争しあう。プランクトンはそれらの間で浮遊する。

ベントス(底生生物)	水の底でくらす。
	サンゴ　イソギンチャク　カニ
	ヒトデ　ウニ　二枚貝　巻き貝
ニューストン(水表生物)	水の表面に棲む。
プランクトン(浮遊生物)	水の中を漂う。
	クラゲ　ミジンコ
ネクトン(遊泳生物)	水の中を自由に泳ぎ回る。
	イカや一般の魚

第一幕の世界

　海中では軟体動物・節足動物（甲殻類）・脊椎動物（魚類）が生息する。水辺で両生類が活動する。

➤プランクトン（一例）

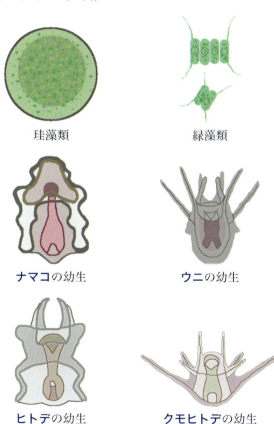

図-22

➤造山運動の結果

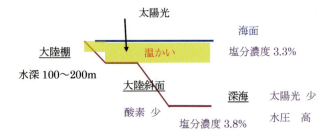

（現在の海水の二酸化炭素の量は大気中の60倍）
図-23

プレートテクトニクス

パンゲア

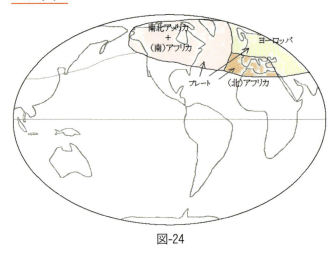

図-24

第一幕の世界

プレートの分裂（古生代終わり）

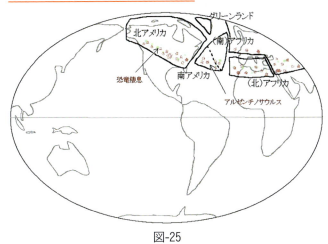

図-25

移動（中生代）

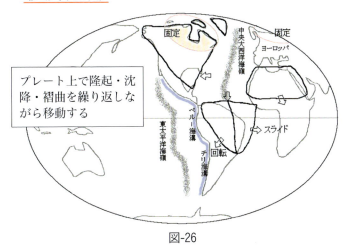

図-26

41

現在のアフリカ大陸を北緯10度線で分けたとき、北側半分を「北アフリカ」、南側半分を「南アフリカ」とここでは呼ぶ。北アフリカは当時、アラビア半島を含んでいて現在の地中海から黒海（の一部）の位置にあった。

　超大陸は最初の「裂け目」で東西に分断され、海嶺の発達で南側へ押しやられる。（図-24）

　グリーンランドは取り残され、カナダ北部は固定される。「南アメリカ＋南アフリカ」はヨーロッパと北アフリカの横を滑るように南へ移動する。引っ張られるように北アメリカは伸びて、北アフリカは南東方向へ押しやられる。（図-25）

　中央大西洋海嶺という巨大な山脈（3,000ｍ級）が「南アメリカ＋南アフリカ」を分断する。南アフリカは北アフリカの下側を東へ移動する。南北両アフリカが衝突（エチオピア高原）し合体する。

　南アメリカは中央大西洋海嶺の発達で西へ移動するが、ペルー海溝およびチリ海溝によってブロックされる。1年で1ｃｍの分裂移動が、2億年というはるかな時間をかけて4,000ｋｍの幅を持つ大西洋をつくる。一方、東太平洋海嶺で太平洋は拡大する。（図-26）

第一幕の世界

　太平洋は拡大を続けアリューシャン海溝、千島海溝、日本海溝ができる。

　アフリカはその後、大地溝帯によってアラビア半島が分離される。ソマリア半島以南は中央インド海嶺が押しとどめる。しかし現在でも年間数ミリメートルの速さで離れている。

　この大地溝帯は地上の「海嶺」なのである。したがって裂け目の両側は山地を形成する。

図-27

一方、ユーラシア大陸北部は部分的に隆起・沈降はあっても全体は移動しない（ただし極東と西欧では褶曲が起こる）。プレート上のその他の地盤は強固である。

動物の誕生

　一個の生命体（単細胞）として確立されたものは、海中の化学物質の影響で受動的に「生きる」活動が始まる。葉緑体という化学工場を身につけたものは植物となり、細菌や原生生物・原核生物、それ以外は動物として生きることになる。

　初期の動物の活動は、植物から葉緑体を盗み取ることから始まる。ここで能動的に生きる活動（自立）となる。しかしかれらには自由に動くだけのエネルギーがまだない。葉緑体を持つ植物の助けが必要である（**サンゴ**）。海面近くは副産物の酸素 O_2 が多く溶け込む。今度はその豊富な酸素を活動の源とする動物が出てくる。

　最初の動物は葉緑体をねらって微小植物（藻類）を摂取していたが、やがてタンパク質を分解する酵素を得た別の動物がその動物を食べるようになる。それを活動と成長の栄養源として動物は大きくなる。ある程度大きくなった動物は、高タンパク質を分解する微生物を体内に取り込み、かれの助けをかりて食物をエネルギーに変える。

　海水は酸性でいろいろな物質が溶けていたが数億年が過

ぎ、微生物の活躍によって海は透明さを増す。海底は微生物の死骸が厚く堆積している。海面ではプランクトンがゆれる。おだやかな湾内はパートナーを知らないさまざまな卵子や精子で白くにごる。そこで生まれる生物は、お互いにくっついて遺伝子を共有する。

　成長した生き物たちを海流が大海原へ運ぶ。その途中で緑藻をかかえてそれがつくるエネルギーで生きるものや、海中の有機物にて生命を維持するものが現れる。

　それから数億年が過ぎる。地球の造山運動はまだ活発で、海底では海山や海溝ができる。また多くの場所で熱水が噴出する。熱水はナトリウム・カルシウム・鉄などさまざまな物質を海中に送る。長い時間の間にタンパク質もいろいろなものをつくる。動物たちの消化器官に酵素を、節足動物にはコラーゲンを与える。

　海中の動物たちは至るところで衝突し合う。カラダの大きいものは小さいものを呑み込んで、さらに大きいものに呑み込まれる（弱肉強食の始まり）。カラダは形を成さないアメーバのようである。

➤器官の発達
　動物は生命維持のため外部からエネルギー源や栄養源を摂

らなければならない。今度は摂ったものをエネルギーに変換する。そして使用済みとなったら外部へ排出する。この一連の作業を行えることが動物には必要である。

　　皮膚（膜）------ 防御のためカラダ全体に薄い膜を張り、神経を張り巡らせる→粘液を出し、膜を保護する。

　　口 ----------------- カラダ全体で対象物をつつみ込んで体内に入れる→カラダの一部分に固定した入口（口）をつくる→その中に毒を識別する舌をつくる。

　　目 ----------------- 対象物が放つ光をカラダ全体の神経がとらえる→カラダ全体に小さい目という器官ができる→自由に動けるようになると、それを一カ所にまとめ「複眼」にする→新しい「目」ができる。

　複眼ができる前に、口に命令を出す脳ができる。各器官はそれぞれが影響しあいながら発達する。動物のカラダは成長するにつれ新しい臓器や神経をつくる。さらに組織化され、反射のみであった動物の活動は脳の命令によって合理的になる。

➤底生生物

　海（H_2O）は、そこに溶ける二酸化炭素（CO_2）によって炭酸水（H_2CO_3）となっている。そして多くの炭酸カルシウム（$CaCO_3$）も溶け込んでいる。外骨格も内骨格（脊椎）も骨の形成には十分な二酸化炭素が必要である。もちろんカルシウムも。

　最初軟体動物が貝殻をつくる。しばらくして節足動物が甲殻を持ち**エビ・カニ・ヤドカリ**が出てくる。

　かれらの祖先は浮遊生活をしている間に、運動しない部位が石灰質（炭酸カルシウム）となり硬くなる。そしてカラダ全体に広がる。幸いコラーゲンのおかげで、ところどころ節にして動かすことができる。硬い外骨格は成長に支障があるので脱皮する。その抜け殻はそのまま放置されるが、ヤドカリは脱皮するのをやめて仲間の抜け殻を住居にする。

　カニは、エビが腹部を丸めて尾びれを胸部にくっつけ頭・胸・腹をひとつにまとめたようだ。それを先に登場した軟体動物の**タコ**や**イカ**が捕食する。エビは仲間を増やし、カニの一部は陸に逃げる。逃げたカニは地上の環境に適応したが、卵を産むのはやっぱり海である。

　4億年以上前から生きている**カブトガニ**は地球の温帯地域に広く分布する。古代と現在の海岸ではまったく違うはずなのに不思議である。このものに限らず海の生き物は昔も今も

月の影響で産卵するものが多い。この時代の海は深くなくて
も太陽の光は届きにくい。1年の温度差もない。したがって
月の周期と引力でその時を知るしかない。そのように教わっ
たものたちが今でも実行している。

　造山活動が弱まると赤道と高緯度の海面に温度差がでてく
る。赤道は相変わらず高温である。中緯度付近の水深の浅い
海域はさまざまなところから流れてきた生物のたまり場に
なっている。透明な水の塊が緑藻やプランクトンをくわえて
水中を漂い、長い海草は海岸まで伸びる。それに**巻き貝**など
の軟体動物が張り付き、節足動物のエビが流されまいとしが
みつく。根元には**ヒトデ**が這う。
　巻き貝の祖先は胴長の軟体動物で、回転しながら海底に下
り、そこでとぐろを巻いて動かない。それを捕食する動物も
まだ現れない。海水に溶ける養分で生きていたもののうち、
高濃度の炭酸カルシウムでやがて外側だけ硬くなったものが
貝となる。動いたものは節足動物になる。

第一幕の世界

海の脊椎動物
魚類の誕生

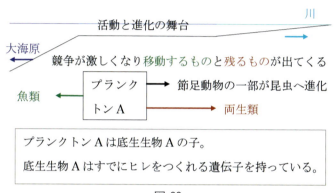

図-28

　新しい生命が誕生しやすい汽水域でプランクトンの一部が変異する（図-29①）。頭部が石灰質となっている節足動物の子が一部骨格化する。口とその周りはゼラチン質で他の石灰質部分は骨細胞になる。骨細胞の成長は速く、しばらくすると頭のうしろから骨が飛び出す。するとまるで植物が成長するように幹となる背骨が伸び、枝の小骨も程なくして伸びる。初期のものは**クラゲ**のようで、ブヨブヨを支えるために骨があるだけでとても泳げるカラダではない。

　脊椎動物が海の中で最初に誕生したときは、泳ぐことを前

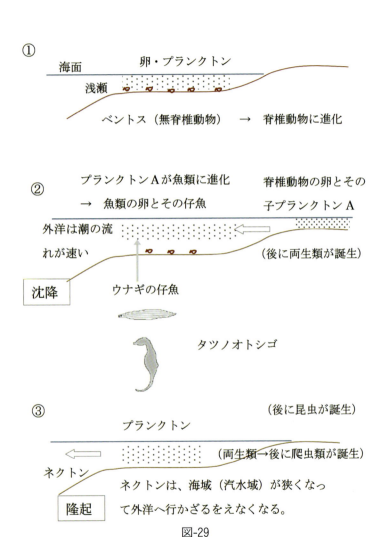

図-29

提にしたカラダのつくりにはなっていない。したがってどれもまだ泳ぎがうまくない。あるものは海底に沈んで、あるものは海面に浮いたまま一生をおくる。そして**タツノオトシゴ**は立ったまま水中を漂う（図-29②）。じっとしていても始まらない。かれらの最初の行動は背骨を動かすことである。それで少しは前へ進む。

　動物はその生息地の環境で進化（移動手段を得る）し、移動する。移動した先の環境でまた進化する。

中生代以降

　サメは、恐竜が地球上で全盛を誇っていた時代からいる。カラダは骨が軟骨、表皮とエラは未発達、尾びれも未発達で泳ぎがぎこちない。目は死んでいるから餌とモノの区別がつかない。口は頭の先端ではなく食べにくそうなところについている。初めはおそらく貝やヒトデあるいはサンゴなどの底生生物を摂食していたであろう。

　サメという魚は、恐竜時代は爬虫類[6]に、恐竜が去ると哺乳類になろうとする。だから子を稚魚にして産みおとす。

---

[6]　恐竜みたいに特殊な嗅覚を獲得する。

魚類のある種が両生類へ、さらに進化して陸に上がったのが陸生の爬虫類であるが、**サンショウウオ**の仲間は効率の悪いエラ呼吸をやめ、肺呼吸に切り替える。ここで海の爬虫類となり海生の恐竜に姿をかえる。かれらは海中より豊富な大気の酸素を求めて上昇・下降のしやすい水平尾びれを得る。足となるところには腹びれをつける。背びれは硬い。

　大気の酸素濃度が高くなると、それを吸収しやがて哺乳類になるものが現れる。しかしその動物の口は今でも恐竜時代のままである。

➤回遊時代

　巨大大陸が分断され、一部海流は東西から南北方向へ変わる。北へ向かう温かな海水は、沿岸地域に大量のプランクトンを発生させる。それに秒速2mの海流に乗った魚たちが襲いかかる。

　イルカがターボエンジンで水面を駆け抜ける。今までの魚にはない行動パターンだ。魚たちは驚いて道をゆずるが逃げ遅れたものは食べられる。

　クジラは大海原をわが庭のように南から北へ飛び回る。もともとイルカもクジラもその祖先は浅瀬を離れない魚類であったが、大海原へ出てカラダを大きくする。環境に順応したイルカは泳ぎを速くし、クジラはカラダを大きくする。

弱い魚たちは群れになって防衛する。かれらにリーダーは
いない。本能に従い目的を一つにする集団である。そして潮
がかれらの水先案内人である。魚たちはそのあと多種多様に
合理的かつ美しい姿に変化する。そして卵を多く産卵して個
体数を増やす。

新生代に入ると気圧が低くなり、風の力で海面は波打つ。
空気が波にのまれ酸素が海中に溶ける。そこでは魚たちが活
発に動き回る。

サケが川を遡上し卵を産むのはそこが海より安全な場所
であったからだけではない。もしそうなら他の魚もそうした
ことだろう。しかし多くの魚は途中でとらえられたり、卵が
流されたりで失敗する。サケの一生はプログラミングされて
いるのである。

サケは当初**アユ**くらいの大きさだったが海の幸のおかげで
カラダが大きくなる。おかげで遡上はアユより過酷である。

湖・川・沼の世界

湖は海が誕生するときにはすでに存在していたが、地殻変
動によってやがて消える。そのあと大陸の隆起と沈降によっ

て塩水湖ができる。塩水湖ができるころにはそこに棲む生物も進化してより大きな動物が誕生する。

　溶岩台地のくぼみには、火山から噴き出した水蒸気と雨によって淡水湖がいくつもできる。ときには火山が爆発してその地が淡水湖になる場合もある（カルデラ湖）。

　淡水湖は、しばらくは何もない世界である。ただ雨が降れば周りの有機物やミネラルが流れ込む。今の状況では生物は生まれない。しかし川が陸上の微生物を運んでくる。湖底は淡水の藻類と微生物の死骸が堆積する。満水状態の湖はそれを囲む山の一部が決壊して水が流れ出す。そして藻類と微生物の死骸が残る。それをあらたな微生物が分解する。盆地と呼ばれるその広い平地にはさまざまな生き物たちが集まってきて、熾烈な競争が繰り広げられる。

　高い山々がまだない時代、潮汐によって「川」は存在するが水はほとんど流れない。したがってそこは沼地となる。地上に多数点在する沼地は微生物と昆虫の生息地である。温かく流れのない水の環境が一大繁殖地に変わる。

　後に川は海から逃れてきた小動物とそれを追ってきたものが死闘を繰り広げる戦場となる。

第一幕の世界

➤ 海の食物連鎖

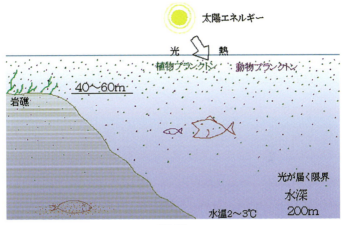

図-30

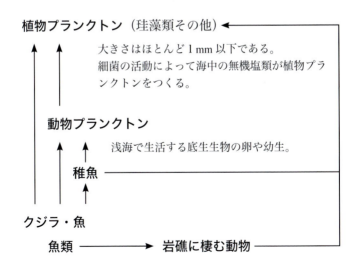

大きさはほとんど1mm以下である。
細菌の活動によって海中の無機塩類が植物プランクトンをつくる。

浅海で生活する底生生物の卵や幼生。

プランクトン→二枚貝→ヒトデの1年間における食物連鎖を考える。

個体数（ヒトデを1とした場合）
ヒトデ（1）── 二枚貝（1,000）── プランクトン（10,000,000）
重量（ヒトデを1kgとした場合）
ヒトデ（1）── 二枚貝（8）── プランクトン（30）

　人間の場合、体重60kgの人が1日1.5kgの食事を摂ったら1年間では体重の9倍も摂ることになる。このことを考えると、ヒトデが二枚貝を摂食したときの効率は人間よりも良い。二枚貝がプランクトンを摂食したときはもっと良い。
　人間は熱や運動エネルギーが大きいので消費カロリーも大きい。したがって多くの食物を摂取しなければならない。もしヒトデが二枚貝を飛び越えてプランクトンを摂食するとしたら、自分の体重の30倍を摂らなければならない。これはヒトデの運動能力からいって不可能である。
　このことは、人間でも小さいもの（例えば昆虫など）だけを摂食することはできないということを教えている。

地上の世界

➤地球の環境

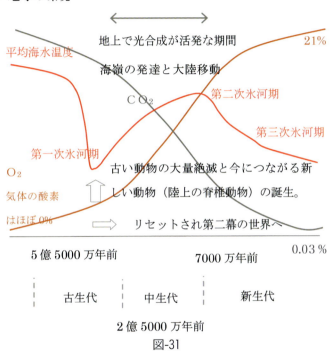

図-31

「平均海水温度」は水深200mまで。「古い動物」は海中生物。「第一次氷河期」は急激な温度変化で、新生代に6600万年かけて下がった温度変化が、この時期には500万〜1000万年ほどで起こる。これは種の大量絶滅を意味する。

地球の海水は徐々に冷やされていく。しかし頻発する海底火山の噴火で、大きな温度変化は起こらない。

３億年前、海底火山の活動が止み、海水は急激に冷やされる。氷河期が到来し多くの生き物が死に絶える。そのうち冷たい海から温かい浅瀬へ、そして暖かい地上へと進出するものが現れる。

同時期、大西洋では中央海嶺がわき起こり海水を温める。温かい海水はあらたな海流と大気のあらたな循環を生む。中央海嶺が伸びるにつれ海水温が上がり、海流と大気の循環は地球規模で行われる。

１億年前には東太平洋海嶺が、そのあと中央インド海嶺が生まれ、新しい海嶺が誕生するたび地球の気候は大きく変わる。

温暖な気候は１億年あまり続く。そしてやがて海嶺の生成がやみ、地球にふたたび氷河期がやってくる。

地球の環境、特に地上の気候は大洋の温度に大きく影響される。そして海は、地球内部からわき出る膨大な熱エネルギーを緩衝する役割を担っている。

第一幕の世界

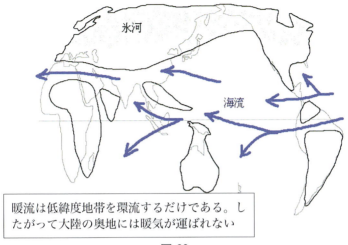

暖流は低緯度地帯を環流するだけである。したがって大陸の奥地には暖気が運ばれない

図-32

植物

5億年前

➣植物の上陸

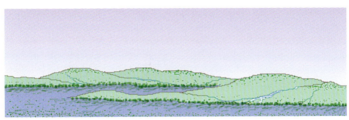

図-33

藻類[7]は波によって海岸に集まる。微細な浮遊物につかまり漂いながら成長したり、岩場にしがみついて海苔になったりする。海岸の湿地帯では藻類から変化した苔が胞子を飛ばして内陸へ進出する。ここで胞子はウイルスと戦い、より強い胞子をつくる。それは卵や種の元祖として以後の陸上生物に影響を与える。

　水分があり固定されたところであれば大地のすみずみまで進出していた苔であるが、時の環境に適応して進化した草（シダ類）があらたに隆起した大地で繁殖する。今まで苔が支配していた大地では新種の草が菌糸を伸ばす。今度は苔がその下でひっそりと生きる。草はその胞子を風に乗せ遠くまで運んでもらう。

　大地では光合成が活発に行われ、大気の成分比率は二酸化炭素15％、酸素10％となる。地表の平均気温は38℃、湿度80％、気圧1,500 hPa。このあと数億年で二酸化炭素は10％まで減り、酸素は16％に増える。

---

[7]　褐藻（コンブ・ワカメ・ホンダワラ）、緑藻（アオノリ・アオサ）、紅藻（テングサ）など。

第一幕の世界

➤進化

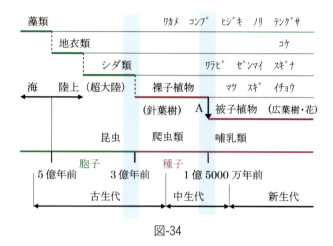

図-34

A 裸子植物が被子植物にかわる過程（図-34）
① 胚珠（後の種子）が子房によって守られる。他は同じで葯から花粉を飛ばして胚珠へ。その後、柱頭ができる。
② 雌花（後の雌しべ）と雄花（後の雄しべ）を近くによせる。
③ 他の花粉（特に従来の裸子植物）から守るため、または確実に受粉させるために花びらをつくる。

当初は裸子植物と同様、自分で花粉を飛ばしていた。後に

昆虫が出てきてそれをしなくなる。それを低木、さらに草まで真似するようになる。

「子」を守る進化は動物にも現れる（哺乳類の誕生）。では何から守っていたのか。おそらく紫外線であろう。

　それまで強い紫外線が容赦なく降り注いでいた。動植物はその環境で育ってきているのでなんら問題は無い。次第に酸素が多くなり、ほんの一部が上空の成層圏でオゾン（p. 147参照）にかわる。紫外線が以前よりも減り、針葉樹は葉を広げて太陽光をより吸収しようとする。

　その後オゾン層がなくなり再び強い紫外線が降り注ぐ。広葉樹にかわろうとしていた植物はこの急激な変化に、わが子を守ろうと自ら変化する。

➤ **戦略**

　胞子植物は岩場以外の地上の全域を地下茎で征服する。途中、成長したシダの一部が木として独立するが、それでも地上の主にかわりはない。その木が裸子植物に変化し種子と花粉を飛ばすと状況は一変する。

　岩場に進出できなかった胞子植物にかわり裸子植物がそこを占領する。土砂が流された後にも、海岸にも進出する。そして以前からある土地は胞子植物が、新たな土地は裸子植物

が支配する。被子植物が出てくるまでは、長く地上を共同で征服する。

　針葉樹は枝が針状または鱗状の葉で覆われている。この葉はあらゆる方向から光を受け取れる。この時代植物間の競争はない。より効率よくするためか規則正しく育つ。そのため樹形は整って美しい。

　自然は被子植物誕生前までの世界を目指していたのではないか。いま地球の大気は二酸化炭素が充分減って、植物が権勢を振るった昔の環境ではない。生まれ変わった植物は規則性がなく、見境（みさかい）なく広葉をつける。そして種は親とは違う性質の子を混じり込ませ、実は生理落下で弱い子を振り落とす。そして自然から受ける恩恵（光や二酸化炭素）は少しだけ還元（酸素）し、多くをわが身に蓄える（果実など）。さらに養分を地下から吸い取って夜には二酸化炭素を吐き出す。まるで動物みたいだ。

　被子植物は虫と鳥を利用する。受粉は虫が行い種は鳥に運んでもらう。しかし本来果実は種が生長する栄養源である。花も子孫を残す手段である。花の蜜を好む昆虫（蝶）が現れ、受粉は偶然行われる。昆虫は花にあわせるように進化する。ときに進化は偶然から始まる。

63

植物はその姿を変えながらも絶えることなく、自然と共に過ごしている。かれらは本体を失っても枯れても生き続け、しばらくすると再生する。根と枝に最強の遺伝子を持つ生き物である[8]。

　地上はいつも植物を中心にして成り立っている。そして生存競争の激しいジャングルは動物たちの殺戮(さつりく)の世界である。それを食物連鎖の最下層である植物はじっと見ている。

　自然界に新参者が現れる。植物は子孫を残すため昆虫と同じようにかれらを利用する。人間が行う園芸は、植物からすれば自分の仲間を育ててくれているのである。本来生き残れないであろう雌雄異株(しゆういしゆ)の木もそうである。

　そして植物はいつも自分たちの居場所を虎視眈々(こしたんたん)と狙っている。

微生物

シルル紀　４億4370万年前

➤菌類（細菌・キノコ・カビ・酵母）

　苔の胞子が突然変異して葉緑素のない菌が生まれる。かれらの一種、細菌は数日もしくは数時間しか生きられない。微

---

[8]　切断した枝は挿し木で再びよみがえる。

第一幕の世界

妙な環境変化は生死を左右する。遺伝情報が少ないからその時生まれたものはその環境でしか生きられない。したがって多くが死んでいく。しかしかれらは絶えず突然変異を繰り返す。遺伝情報が多くなって多少の環境変化にも耐えられるようになると生存時間も長くなる。

古生代の環境は、湿度は高いが紫外線をさえぎるものが少ないのでただ生死を繰り返す。中生代、大地は植物や動物たちであふれかえっている。ここで菌類の爆発的な繁殖となる。時代が新しくなるとあるものは他生物に寄り添って生きるようになる。

ここでは全部まとめて菌類としたが、厳密にはキノコとカビが菌、酵母と藻類が原生生物、細菌が原核生物である。分類学上、動物・植物・菌・原生生物・原核生物はまったく別の生き物である。

ミクロの世界では、1gの土の中に数十万〜数億匹の微生物が棲んでいる。

➣動物たちの対策

カラダの小さい微生物[※9]は動物のあらゆる器官から体内

※9　一般に原生生物と原核生物の総称である。

65

に侵入する。かれらの目的はただ一つ、温かい動物の体内で増殖することにある。そこは微生物たちにとって過ごしやすい環境である。

　動物たちはそれを阻止するため、あらゆる手段を講じる。海の動物はまず皮膚に粘液を出す。次に鱗で保護する。最後は、速く泳ぐことでかれらを寄せつけない。

　陸の動物も皮膚に粘液を張る。そして鱗をつけて、さらに皮を厚くする。次に新陳代謝を活発にして表皮を脱ぎ捨てる。このようにして侵入を防ぐ。これらは後の乾燥対策にも応用できる。

➢動物との共生

　細菌は地球の至るところに無数に存在する。動物の口から侵入したものが居すわり増殖する。体内では細菌同士が戦っている。侵入してくるあらたな細菌に対して保守派の細菌の多くはこれを撃退する。しかし長く居すわる古株の保守派はほどなくして敗れる。その侵入者はあらたな環境で生まれ育った改革派で、古株に時代（環境）が変わったことを教える。

　宿主である動物は早急に若い改革派を多く取り入れたものは生きられない。体内に古参と新参がしばらく共存する世界をつくり上げたものが生き残る。

動植物にとってその細菌が有害・無害かはわからない。ときには必要としないものまで入って本体を滅ぼすことがある。しかし動植物が生き続けられるのは微生物たちのおかげでもある。われわれはかれらに操(あやつ)られているのである。命の主導権はかれらにある。

昆虫

3億6000万年前

➢動物の上陸（昆虫）

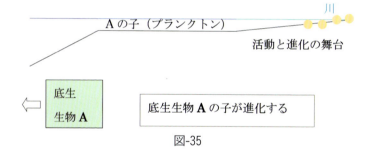

図-35

底生生物の子（プランクトン）が潮の流れで河口まで運ばれる。その仲間の一部は引き潮で浅瀬に残される。本来なら成長して海の底生生物として生きるかれらはその道を断たれる。そしてこの狭い世界で独自の進化をする。ヒレを誕生させて水中を自由に泳ぐ。しかし水が引いて水面に残った。多

くの仲間が死んでいくが、かれらは挑戦し続ける。ついにかれらはヒレを羽に進化させて空中を泳ぐ。

　陸に上がって昆虫となった虫は、雌の体内で受精させることに成功する。同時に生殖機能も変化する。そして受精した卵は乾燥しない場所に産み落とされる。このあらたな成功は後に上陸する動物に影響を与える。

　節足動物の仲間はどんどん種類を増やす。かれらは、身が軽く風に飛ばされやすいという欠点を長所にかえる。

　地上で繁栄したかれらは、やがて後から出てくる動物たちによって、食物連鎖の最下層に追いやられる。

➤トンボ

　かれらは一生を陸上でおくるが、古くからいる**トンボ**は幼虫（ヤゴ）時代を水中で過ごす。先に上陸した**クモ**をヤゴが追いかけ、姿を変えて今度は空から狙う。しかしクモは地上で最初の罠を仕掛ける。

　トンボの幼虫と成虫とは、姿カタチがまったく違う。これは底生生物とプランクトンの場合と同じである。また、さなぎからの羽化は甲殻類の脱皮と同じである。

第一幕の世界

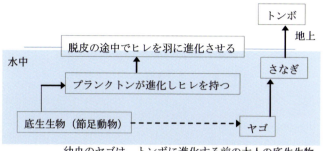

幼虫のヤゴは、トンボに進化する前の大人の底生生物
図-36

　一般に地上の動物を足の数で分けたとき、6本足であるものを昆虫と言っている。

➤ 地上の動物
　2本：人間、鳥、カンガルー
　4本：動物全般
　6本：昆虫
　8本：クモ、ダニ、サソリ
　多足：ムカデ

➤ 現在の昆虫（一部）
　ハチ　　アリ
　チョウ　ガ
　ハエ　　カ
　トンボ

69

ノミ
カブトムシ　テントウムシ　ホタル　クワガタムシ
セミ　カメムシ　タガメ　アメンボ　アブラムシ
シラミ
バッタ　　コオロギ　　キリギリス
ゴキブリ
シロアリ
カマキリ

➤動物の数と種類

（ここでいう動物とはだいたい1cm以上の大きさをさす）

　両生類は新しく出てきた爬虫類に捕食され減少する。その後、減少は続く。爬虫類は両生類や鳥類の祖先（爬虫類）を捕食し数を増やすが、鳥類は激減する。長く爬虫類の時代が続いたあと、環境変化で爬虫類の仲間に体毛が生える。鳥類は羽毛が生えて翼を得る。

　両生類は数が少なくなり鳥類は空へ逃げて爬虫類にとって獲物が少なくなる。すると爬虫類同士の弱肉強食がはじまる。自然に個体数は減少する。

　体毛を持つ爬虫類は哺乳類に進化する。一部は爬虫類のまま残る。大型化した爬虫類の体毛では寒冷気候は乗り切れず、次々姿を消す。氷河期に入ると、イグアナ・カメの仲間は海へ向かう。

第一幕の世界

陸上

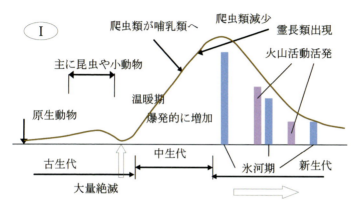

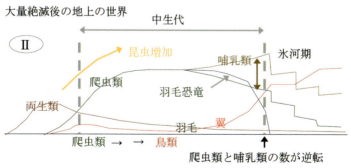

図-37

進化の過渡期

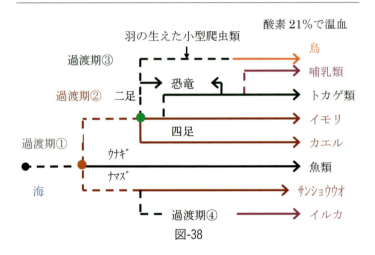

図-38

　最初、海の中で魚が誕生するが、その時点ではまだ「魚」として確立されていない。体内に背骨（脊椎）があるだけで、なにかわからないものである（過渡期①）。それは将来、魚にもなれるし両生類にもなれる。また爬虫類・哺乳類・鳥類にもなれる。いろいろなものに変化できる要素を持っている。それは骨（内骨格）・目・耳・鼻・足・皮膚（鱗・毛・粘液）・触角・指・膜・爪・歯などをつくることができる遺伝子である（図-38の●）。ちょうどiPS細胞みたいなもの。ずっとあとに出てくる哺乳類は、爬虫類には無かった触角を復活させる。

　最初にその可能性を放棄したのが魚たちである。残ったも

第一幕の世界

ののうち（過渡期②）次に確立させたのが両生類である。両生類は二足と四足が共存する。サンショウウオでもカエルでもない二足動物は将来、鳥と肉食恐竜に進化する。

過渡期③では地上の動物が爆発的に増え、種類も限りなく増える。図-38の●は、すでに哺乳類となるべき動物が生まれた時期である。霊長類の祖先もここである[10]。

過渡期④は両生類（サンショウウオの種類）から爬虫類への移行期間である。したがってまだ長い尾は付いたままである。その種は将来大海原に出て、最後に哺乳類へ変わる。そうやって各動物はさまざまな遺伝子のうちからその環境に適応した機能を発達させる。

動物は幼少期（誕生）から成長期（過渡期）、そして成熟期（成体、つまり種の確立）になるが、人間では12〜15歳が子どもから大人への過渡期にあたる。

脊椎動物の一部が、後の哺乳類や鳥類となったのは血液中のヘモグロビンの量の違いによる。哺乳類も当初は爬虫類の仲間である。それが酸素濃度上昇や気圧の低下などで、ある動物のカラダに変化が現れる。それが他の動物に影響を与え、各自が棲む環境に適応する動物たちになる。

───────────────

[10]　現在、サルはオーストラリアと南極以外の全大陸（熱帯・温帯地域）にいる。図-52参照。

73

第二幕の世界　突然変異したものたち

川と陸の脊椎動物
両生類

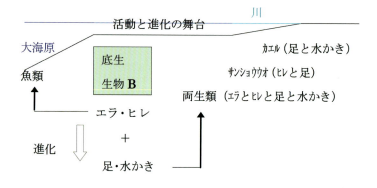

図-39

　地上では大地がまだ低く、海では浅瀬が遠くまで続いていた時代、脊椎動物となった魚（エラ呼吸しヒレで泳ぐ動物）たちの多くはその浅瀬から離れない。浅瀬は干潮で地上にな

る。しかししばらくするとまた潮が満ちてくる。魚類となったものの一部が、この何億回と繰り返される変化に適応しはじめる。

　両生類の幼生は魚のようにエラ呼吸し、成長するにつれ、足が生えて陸に上がり、肺呼吸または皮膚呼吸になる（変態）。つまり四つ足の両生類は魚類の仲間から、将来爬虫類や哺乳類に変化する前の段階にある。鳥類と二足恐竜の祖先は、四足揃う前に陸に上がる。

　両生類は足がないものと二足と四足のものとに分かれる。四足動物の種が後に**サンショウウオ・イモリ・カエル**となる。二足の両生類は長く続かない。サンショウウオの種は進化を続けるが、カエルの進化はほぼ終わる。しかし環境に適応し、現在でも生き続けているので進化はしているのである。

　足の指が５本になったのは、それが運動するうえで最も都合がよかったのである。だから進化を繰り返してもその遺伝子は変わらない。

➤現在の両生類

サンショウウオ
イモリ（サンショウウオの仲間）
アシナシサンショウウオ
カエル

両生類から爬虫類へ

図-38をわかりやすく拡大する。

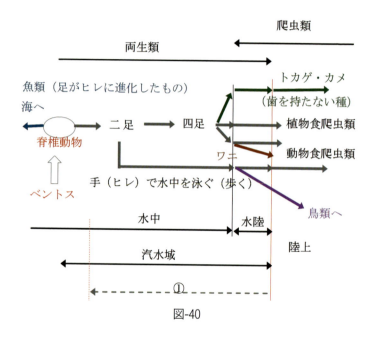

図-40

　二足の両生類は、四足の両生類もしくは動物食爬虫類によって絶滅する。

　しだいに水が引いて、汽水域が狭くなる（①）。汽水域に棲んでいた動物たちはあらたな進化をする。

　一部の魚類は、あたらしい両生類へ。

第二幕の世界　突然変異したものたち

両生類は、爬虫類へ。

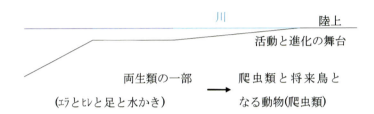

完全肺呼吸になる。陸に上がってヒレは尾にかわる。しかしヒレとなる遺伝子は残ったままである。後に進化した動物が海に戻ったとき、その遺伝子は復活し足はヒレになる。
図-41

　両生類から爬虫類への進化で最大のものは卵である。爬虫類の卵は両生類のものより硬く、殻をつくる。卵の孵化では水は必要としない。代わりに羊膜で水分を逃がさない。この羊膜は鳥類や哺乳類にも受け継がれる。

　皮膚はウロコをつくる、粘液を出す、皮を厚くするなど多様な方法で保護する。

　カラダの呼吸器官や循環器官などが進化するが、体温は両

生類と同じく外界温度に従う変温である。したがって太陽光をよけるための草木や、熱くなったカラダを冷やすための水は欠かせない。また鳥類や哺乳類のような急激な運動を持続させることはできない。

　恐竜と異なる進化をした二足爬虫類は木の上でひっそりと生きる。多足爬虫類はほとんど途絶え、無足爬虫類は一部が生き残る。度重なる地球の大きな環境変化に適応しきれない、または大型肉食獣から逃げきれなかった動物たちが次々と姿を消す。

　ワニは体型が両生類のままである。しかし最も生存競争の激しい中をくぐり抜けた勇者でもある。かれは川を支配地域とし、動物食恐竜は海岸を、植物食恐竜は森を支配する。

➤ 現在の爬虫類

　カメ
　ワニ
　トカゲ　ヘビ　カメレオン　イグアナ　ヤモリ
　アシナシトカゲ
　ムカシトカゲ

➤ 最初の進化

　水中から陸上へ移行するとき、外観的に大きな変化は見られないが、爬虫類の種類が多くなってかれらの仲間に肢の革

第二幕の世界　突然変異したものたち

命的ともいえる変化が現れる。

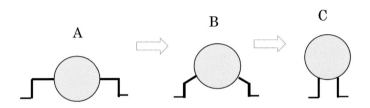

重力に抵抗する肢の獲得　→　発達
図-42

　Aは両生類。爬虫類の後ろ足はAで前足はB。完全に陸上生活をおくるようになるとCになる。Cはより活動的で多くの筋肉を使うため、酸素が多く必要である。最初のこの爬虫類が後に植物食恐竜となる。
　この種の多くが哺乳類へ進化するが、哺乳類へ進化しきれなかった爬虫類（恐竜）は姿を消す。
　巨大になるためにはCのように支えが必要である。逆に言えば、こういう肢の付き方なら巨大になり得るのである。
　Bでは足の付け根に大きな負荷がかかるので巨大となることはない。

中生代

地殻の運動で陸地が広がり温暖な気候が続く。それにより植物と動物の生息域が広がる。植物は盛んに光合成を行う。植物も爬虫類もだんだん大型化する。

恐竜の時代　三畳紀　２億5100万年前

湿度が高く平地は湿地帯が多い。陸地は緑に覆われているが、雨が多いので川も大小たくさんある。大地が削られ浅瀬の海が広がる。気温は常に35℃くらい。酸素も二酸化炭素も多い。気圧も高い。植物の光合成が盛んに行われる。

樹木が背丈を伸ばして上空で太陽を遮断する。おかげで大地は薄暗く、蒸し暑い。

うっそうと茂る密林のなかで動くものは昆虫と、新種の爬虫類たちである。「鳥」は木の枝につかまり息を殺している。爬虫類は成体になっても最初は小型のものが多く、将来の鳥との区別がつかない。しばらくして前足が短く後ろ足が長い爬虫類が登場し、長い年月を経てかれの子孫が大きくなり、食物連鎖の頂点で繁栄するようになる。

そのあと四つ足爬虫類が出てくるが、かれらもまた巨大化する。その時の環境が爬虫類の骨を成長させるのである。

第二幕の世界　突然変異したものたち

➤植物食爬虫類の登場（草食獣）

　現在の大型植物食哺乳類の大部分はその祖先が植物食恐竜
である。

　四つ足爬虫類のある仲間が変化する。自分の胃に特別な細
菌をすまわせて、植物を消化する機能を備えた動物が登場す
る。その動物は胃を多く持ち、重たい腹部を支えなければな
らない。次第に足に変化が現れる（図-42参照）。

　草食であるため持続力はある。しかし活動的ではない。歯
はあっても噛み砕くものではないので肉食獣との戦いは望ま
ない。あるものは皮膚を厚く硬くして、またあるものは棘や
角をつくり我が身を守る。

　かれらの成長時期は裸子植物が地上を支配していた時代で
ある。

➤二足歩行の動物

　両生類から進化した動物のうち、二足になったのは将来鳥
と肉食恐竜になる爬虫類だけである。手となる前足はあとか
ら伸びてくる。両者ともカラダを支える足を物をつかむよう
な機能に発達させる。当初は木の枝で生活する。そこから鳥
は大空へ羽ばたくがトカゲに似たその種は少し大きくなって
地上に下りる。このころはまだ小型である。しかし上体が立
ち上がって大きく見える。後に**サル**の仲間の一つが地上に下

81

りて人間に進化するように、鳥の祖先の一つが地上に下りて
肉食恐竜となるのである。

　有機水銀が海に流れ込む。小動物がそれを餌といっしょにの
み込む。その小動物をもっと大きい爬虫類が食べる。最後は歯
の生えた爬虫類（恐竜）で終わる。長い食物連鎖が行われる。
　生物濃縮によってかれらは有機水銀中毒を起こす。**ヘビ**は
多くの足が麻痺するが、それでもカラダをくねらせ懸命に逃
げようとする。そして運動できなくなった足は退化する。そ
れより大きい爬虫類はその弱くなったヘビを食べ続け、前足
の成長が止まる。その機能を補うため頭部が大きくなり脳が
発達する。捕食する獲物が大きくなると、腸内細菌と酵素が
その動物に唾液腺と歯をつくらせる。そして大気の二酸化炭
素は骨を成長させ、雑食となってさらに巨大化する。かれら
はエネルギーを消耗させないため、狩り以外は動かない。し
たがって普段はおとなしい。
　肉食獣の歯と顎は捕食動物の皮膚と骨のかたさによって進
化する。自身が大きくなって、効率よく１回の狩りですませ
ようとすると獲物も大きくなる。当然顎は強くなる。歯も相
手がそれなりの皮膚をしているので鋭く大きくなる。**ティラ
ノサウルス**の口と歯、そして前傾姿勢からみて主食はおそらく
ワニや**カメ**だったのではないか。するとワニは川底へ逃げる。

第二幕の世界　突然変異したものたち

ジュラ紀　1億9960万年前

　動物食恐竜が水辺で狩りを行う。この巨体に小動物は近づかない。茂みに身をかくして獲物を待つ。見つけた標的を強力な尾でたたく。相手がひるんだ隙にうしろ足で押さえつけ首の骨を噛み砕く。水面に赤い血と唾液がしたたり落ちる。

　森の中では仲間が横倒しになってもがいている。その周りに中型の動物食恐竜が集まってくる。そしてかれの死をじっと待つ。やがて断末魔の叫びが響き渡る。

➤生態

　二足爬虫類の生態は現在の**カバ**に似る。昼間は湿地や水中で過ごし、夜になって陸にあがり獲物をさがす。水中では水の底を歩いて移動する。皮膚は厚いがウロコはない。陸上では粘液を分泌し皮膚を保護する。

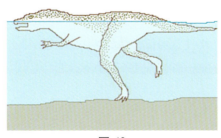

図-43

造山運動は山脈や山地をつくり、雨風はこれらを削る。陸地は台地となり海は浅瀬が広がる。

　植物の活発な活動によって温室効果ガス（二酸化炭素 CO_2）が減る。しだいに地球の気候が変わってくる。陸地の広がりにより昼夜暖かかった地域も夜には放射冷却で冷たくなる。緯度による温度差も大きくなる。高気圧・低気圧が発生し、湿度は高く重たい雨と風が吹き荒れる。

　裸子植物の中に被子植物が現れる。やがて陸地全域に広がる。

　ジュラ紀の中頃になると大気の二酸化炭素も次第に少なくなり、代わりに酸素が増える。さまざまな小型爬虫類が哺乳類に進化している間、一部の動物食恐竜は皮膚に体毛をつくる。

　造山運動はたびたび活発になる。噴火が起こるたび空は灰になる。灰は太陽をさえぎり地上は薄暗くなる。稲妻が光りあちこちで火炎があがる。樹木は燃え、草は枯れる。昆虫は数を減らし、それを糧とする動物も減少する。食糧が尽きて飢えで死ぬものや病原菌におかされるもの、また洪水や土砂災害にあうもの、仲間が次々に命を落としていく。

第二幕の世界　突然変異したものたち

白亜紀　1億4550万年前

　大陸移動が終わり、高い山脈ができはじめる。乾燥した地域ができる。地球がしだいに寒冷化へ向かう。脊椎動物に胎生動物が出現する。さらに寒冷となって中緯度の爬虫類が次々に姿を変える。胎生動物に体毛が、鳥類に羽毛が生える。残された爬虫類は数を減らす。ウロコのない恐竜には体毛が生える。

　高緯度の被子植物が姿を消す。生き残った被子植物は寒冷・乾燥に強い種子をつくる。草が花をつけはじめる。

　現在の植物食哺乳類の幾種かは植物食恐竜の子孫であって、その角は動物食恐竜から身を守る武器の名残である。

　一方、進化から取り残された動物食爬虫類は、哺乳類の機敏な動きで捕食できなくなる。中型爬虫類が数を減らすと大型恐竜も生きていけない。なんとか食いつないで生き延びても、卵を捕食能力にすぐれた哺乳類や鳥にねらわれる。

　そんな中、時々起きる大規模な土砂崩れ、あるいは高潮で生き埋めになってしまうことがある。そして将来化石となって発見される。かれらの地上での痕跡は風雨で消されるが水底の足跡と残骸は残される。

　生き物の世界はいつも新しく出てきたものにその座を奪われる。これも時代の栄枯盛衰である。

85

➤ 海へ逃避するもの

　カメは海へ逃げる。現在 **ウミガメ** は数種類存在するが、それは餌の種類によって分かれたものである。海へ逃げる陸ガメは、魚類のころの先祖のヒレの遺伝子を復活させる。

　海へ生活の場を移しても産卵は陸にいたときと同じである。孵化したとき親の姿は見えない。子は月の光をたよりに親を求め、海へ向かう。

➤ 恐竜の成長

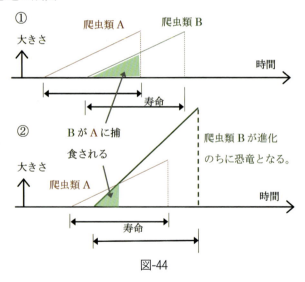

図-44

図-44①で爬虫類Aと爬虫類Bが同じ寿命で成長速度も同

じだったら、後に生まれたＢはＡが生きている間捕食される。Ｂが生き残るためには、成長を急ぐ必要がある（②）。他の爬虫類も競うように大きくなる。そうやって急速かつ止まらない成長で巨大な動物となる。

➤動物の成長

　動物はどれも誕生した当初は成体になっても小さい生き物である。彼らは時代とともにだんだん大きくなる。それは他種との結合で大きくなる。

　食物で大きくなるものは、そのカラダにいち早く分解酵素や肝臓の働きを高めた臓器を得た動物たちである。しかしたいていの場合、これはその一代だけが成長して子は小さいままである。生まれる子をはやく大きくするには突然変異を待つか、他種と結合するしかない。

　多くの爬虫類はアミノ酸誘導体（成長ホルモン）を制御できず、死ぬまで成長し続ける。

　一方人間の場合は16〜18歳で成長は止まる。もし恐竜の寿命である30歳まで成長が止まらなければ３ｍまで伸びるであろう。それでも恐竜の成長は３倍以上の速さである。

　かれらは大きくなりすぎたために、みずから命を落とすことがある。激しく動くと呼吸器官や循環器官が無理をするのだ。

中生代も終わりになると、爬虫類のなかには骨の成長が止まるものも現れる。また外部から十分な栄養補給ができない恐竜の骨は収縮せず骨粗鬆症になる。これは人間でも加齢によって起こる現象である。

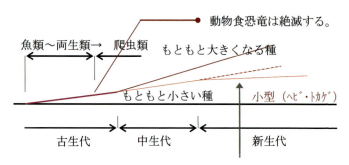

氷河期などの環境変化で、この種の爬虫類は成長が止まる。
図-45

　サメの前に誕生した**エイ**の仲間の**マンタ**は毒針を身につける。巨大化した**ダイオウイカ**や**ミズダコ**は深海へ逃げる。**アナコンダ**は隠れてあまり動かない。トカゲの仲間の**イグアナ**と**コモドオオトカゲ**は陸地が切り離されて助かる。**オオナマズ**は熱帯のジャングルに身を潜める。**イリエワニ**は相変わらず川を支配する。

　現在でも生き続けるかれらの方が正常で、小型化または変化しない動物が異常なのかもしれない。そして小型の動物も大きくなる進化の途中なのかもしれない。そうしたら数万年

第二幕の世界　突然変異したものたち

後かはきっと大きくなっていることだろう。

鳥類

二畳紀（ペルム紀）　２億9900万年前

爬虫類や哺乳類は、脊椎動物の誕生から長い時間をかけ進化したため、骨格や内臓、その他の臓器や機能が発達している。一方、「鳥」はかれらよりも進化の期間が短いままで上陸したので、すべてが未熟である。つまり消化器官や脂肪をつける機能が未発達のまま成長する。したがって体重は軽くなる。

この時点で「鳥」は最も弱く捕食されやすい動物である。ちょうど卵からかえったばかりのヒナの状態（晩成性）なのである。足はカラダのバランスを保ちながら、風に飛ばされないための握力をつける。そのうち前足となるべきところから細い骨と皮だけの腕、さらに指が出てくる。指はだんだん伸びて風に抵抗できなくなる。そこであえて風に乗るため、骨の組織まで変えて体重を軽くする。

孵化したばかりの羽毛のないヒナから独り立ちするまでの数週間は、最も危険な期間である。はやく成長しなければならない。しかし成長しても捕食されやすいことに変わりはない。唯一の武器は、骨を露出させたくちばしである。後に

コーティングされるが、これで相手を突き刺す以外生き残る
方法はない。

➤温血動物の登場

　これは自分のカラダをみずからがコントロールするとい
う、外界温度によらない最も大きな進化である。

　鳥は誕生した当初は冷血である。カラダはウロコで覆われ
ている。環境が変わりはじめると、温血になった鳥がでてく
る。かれは体温を逃がさないよう皮膚のウロコは毛に変え
る。しかし産卵は今までどおりである。そして冷血のまま
だった鳥（翼竜）は死に絶える。

　空には障壁がないから基本的に固有種は存在しない。にも
かかわらず種類が多いのは、空では淘汰されず、ほとんどが
空を飛ぶ前に分かれたものであるからだろう。その時にはす
でに翼を持つ遺伝子が組み込まれている。

➤鳥類の大逆転

　高い木を上へ上へとめざしていたので、途中霊長類とたび
たび出会う。両方とも大型爬虫類から逃げてきた仲間であ
る。しかし鳥のほうがはるかに先輩である。

　ジュラ紀に羽毛を身につけ白亜紀に翼を得た鳥は、霊長類
を置いて木と木の間を滑空する。かれらはカラダのしくみを

第二幕の世界　突然変異したものたち

　さらに進化させ大空へと羽ばたく。今まで虐げられていたものが世に出る時代がやってくる。

　いつしか爬虫類の数が少なくなって、鳥のヒナの生存率は飛躍的に伸びる。

　新生代に入る。氷河期が来るとかれらは保温性の高い羽毛に着替える。そうやって幾度かの氷河期にも耐え、鳥は数を増やし続け地球全体へと進出する。

➤飛べない鳥

　　ヒクイドリ　　（ニューギニア・オーストラリア）
　　エミュー　　　（オーストラリア）
　　キーウィ　　　（ニュージーランド）

　かれらを捕食する動物がいなかったので飛ぶ必要が無かったのである。

哺乳類

➤**爬虫類から哺乳類へ**

　大気に占める酸素の量が21％まで上昇し、その濃度が維持されるようになると、大部分の爬虫類の体内では、心臓をはじめとする循環器官や呼吸器官が発達する。

　血液中の複合タンパク質ヘモグロビンが酸素を多く取り込

むようになり、新鮮な血液がカラダのすみずみまでいきわた
る。多くの酸素の取り込みは動物の肉質や油質まで変える。

　温血となって最初に皮膚に変化が現れる。母の乳に乳腺が
できる前後には、鱗があるものはなくなり、後に体毛が生え
る。それで体温を保持し紫外線からも守ることができる。体
毛は表皮の厚さと皮下脂肪によって決まる。

　次に温血となったカラダは外気温に大きく影響されない。
このことは生殖機能に変革をもたらす。今までは冷血である
ため卵の孵化では外気温の助けを必要としていた。しかし体
温が一定であれば胎内で育てる方がより確実に子孫を残せ
る。が、胎児が大きくなることは母胎が危うくなることでも
ある。まず準備段階として母の乳に乳腺ができる。胎内では
子を育てる機能も構造（胎盤）も同時に発達する。そして卵
の殻はなくなる。ここまで進化して完全な哺乳類となる。

　稚魚や両生類の子どもは自分で捕食できるまで自分の栄養
素を抱え込む。爬虫類は孵化してすぐに狩りを行う。

　哺乳類は母親がしばらく母乳を与えなければ生きていけな
い。生まれたあとも母親の助けが必要になる。そして一度に
産める数も少なくなる。こういうことを考えると必ずしも進
化した動物とはいえない。

　一般に言われる哺乳類は哺乳動物であるが、必ずしも全哺
乳類が（哺乳＋胎生）ではない。

第二幕の世界　突然変異したものたち

➤オーストラリアの場合

　そこは爬虫類の初期の時代、恐竜が誕生する前は超大陸と陸つづきであった。やがて切り離され島となる。単調な地形は大きく変わることなく、沈降と隆起を繰り返す。そのうち島は大きくなり小さな大陸となる。

　大型捕食動物はワニ以外現れないので生存競争は低く、動物たちの動きは緩慢である。恐竜の先祖（**ムカシトカゲ**など）はいたが、そこは恐竜の縄張りとしてはあまりに狭く、したがって大型恐竜は育たない。しかし同時期に誕生した鳥の祖先はすくすく育つ。捕食動物がいないので翼を得ても空へ逃げる必要がない。

　小大陸でも爬虫類が哺乳類に進化したが、そこに霊長類の祖先[11]となる爬虫類はいない。

　小大陸にいる哺乳類は進化の面では遅れている。未熟で有袋類以後の進歩（進化）がない。

➤現在の哺乳類（一部）

**イヌ　オオカミ　ジャッカル　コヨーテ　キツネ　タヌキ
イタチ　テン　カワウソ　ラッコ　スカンク　アナグマ
アライグマ**

───────────────

[11]　そこに至るまでに関係した何万種の動物が祖先である。その内の一つでも欠けていたら現在の姿はない。

ジャイアントパンダ　レッサーパンダ
ホッキョクグマ　ヒグマ　ツキノワグマ
ネコ　ライオン　トラ　ヒョウ　チーター　ヤマネコ
ハイエナ
ハクビシン　ジャコウネコ　マングース
ネズミ　リス　ムササビ　モモンガ　ビーバー　カピバラ
アザラシ
アシカ
セイウチ

➤角・牙を持つ哺乳類（植物食）

サイ　ゾウ　ウシ　シカ　カバ　トナカイ　キリン　イノシシ
ヒツジ　ヤギ

➤早成性と晩成性

　鳥類は孵化したとき、哺乳類は生まれたときに子が親と同じ姿ですぐに立ち上がり自分で餌を獲る、または母乳を飲む場合、これを早成性と言う。一方、子は未熟で親が餌を与え、または母乳を飲ませ独り立ちするまで面倒を見る場合、これを晩成性と言う。

　一般に、晩成性は高い木の上や崖に巣をつくり子を育てる。猛禽類（**タカ・ワシ・ハヤブサ**）などの大型の鳥や鳴禽類がそうである。安全な場所を早く見つけなければ子が食べられてしまうからである。

　人間はもちろん晩成性である。ニワトリは、人間が**キジ**を

改良したものであるから早成性である。たいていの植物食哺乳類は早成性である。

　早成性の鳥が卵から孵る姿は、昆虫がさなぎから羽化するのに似ているが、鳥も哺乳類（まだ爬虫類のころ）も最初は晩成性として誕生する。両者とも当時、羽毛や体毛は無かったはずである（必要とする環境ではなかった）。

　早成性の動物は、その時の環境がその後も変わることがないと判断した結果であろう。一方、晩成性は母体の安全のため未熟なまま出産されるということもあるが、別の見方をすれば、晩成性動物は環境の変化に対応できるようにするためとも考えられるのである（完成されていないから成長途中での環境変化には柔軟に対応できる）。しかし早成性はむずかしい。

　爬虫類もおそらく早成性・晩成性があったろう。中生代、晩成性動物（爬虫類）は木の上でない限り生き残れない。生き残ったものは、将来晩成性の哺乳類と鳥類になる。角を持たない植物食哺乳類（早成性）は、捕食動物がいなくなった時代に生まれた動物である。

　恐竜ははやく成長する必要があったから早成性である。しかしそれゆえに、大きな環境変化には対応できなかった。一方、植物食恐竜も早成性であるが、かれらの一部はカラダの成長を止めることによって生きながらえる。

一般に、晩成性のほうが子の育つ過程を観察することにより、進化をうかがい知ることができる。

➤動・植物の革命的変化

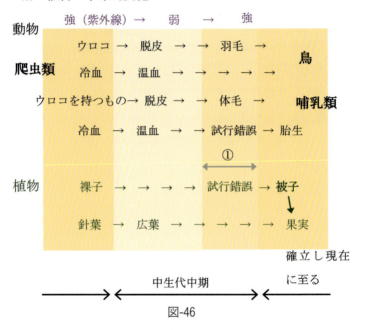

図-46

　植物は図-34参照。

　これは親が子を守り育てることである。

　環境が以前に戻っても、一度変わったカラダのしくみ（温血と広葉）は元には戻らない。

①は爬虫類の特徴を無くした期間である。

　脱皮したときに粘液を分泌し皮膚を保護する。それがカバをはじめとする多くの動物に汗腺・皮脂腺として残る。何回も脱皮を繰り返すうち、脱皮しないですむようなカラダのしくみになる。動物の試行錯誤では、両生類が水中に卵を産んだときのように母体には羊水がある。殻はない。有袋類はこの試行錯誤の最中（途中経過）であろう。

　鳥がウロコから羽毛に変わったことは、鳥の足を見ればわかる。この時代に生きた鳥のヒナは爬虫類のままである。それが成長するにつれ毛が生え鳥類に変化（進化）する。親は子の世話をしなければならない。かれらは晩成性の動物食である。

　卵からかえったばかりで毛のある鳥は、氷河期以降に新しく誕生した種である。おもに水辺に棲む。しかし生態はこちらのほうが爬虫類に近い。独り立ちが早いのでそんなに世話をやかなくていい。植物食哺乳類もそうである（早成性）。

　ほとんどの哺乳類はその痕跡を消し去っているが、**アルマジロ**は硬い甲（ウロコ）を持っている。**ハリネズミ**は、皮膚がウロコから毛になる途中で変化する。

新生代

砂漠化

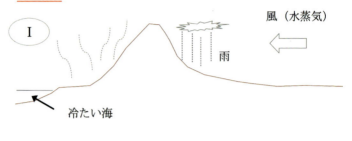

図-47

　海底が隆起し台地となったところは、土壌に塩分が残ったままで植物は生えにくい。雨が降っても水も塩分も地上に残って流されない。やがて水は蒸発し塩分だけが残される。
　乾燥地帯が風の流れを変えて砂漠化する。

第二幕の世界　突然変異したものたち

偏西風

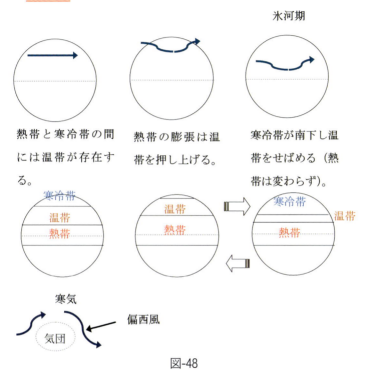

図-48

偏西風は通り道に高気圧の強い気団が発生したため迂回を余儀なくされる。それは寒冷地域を通り、大きく蛇行して温帯地域に冷気をもたらす。また寒気団をも引っ張り込むようになる。こうやって氷河期が到来する。

古第三紀　6550万年前

　寒冷期に生き残った動物たちは、自分と似たようなもの同士が結合し大きな集合体になる（両生類・爬虫類・鳥類・哺乳類）。集合体内では、生命力の強い動物はより強い動物と結合する。そして優れた機能がそなわった動物は自分たちの種を守ろうとする（図-53参照）。

　温帯地域に生物が集まって生存競争がはげしくなる。哺乳類の体毛が長くなる。一部の草食動物が寒冷地へ逃げる。

　中緯度以北の爬虫類や哺乳類は長く続く寒冷期に生き残れず多くの種が絶える。残された動物たちは自分たちの種を存続させようと、より近い異種と交尾をする。新種が続々と誕生する。界－門－綱(類)－目－科－属(族)－種が確立する。

　常緑広葉樹が多くなる。土にもぐる動物が出てくる。暖かくなると今までひっそりとかくれ棲んでいた哺乳類が地上の全域に躍り出る。空気が乾燥し、地球は再び寒冷化へ向かう。幾度かの氷河期がきて、幾種類かの陸上哺乳類が海に逃げ込む。かれらの死を背にしての挑戦が続く。

新第三紀　2300万年前

　氷河期に高い山々が削られ平地や海へ運ばれる。山は急峻

第二幕の世界　突然変異したものたち

な形になって山肌は露出する。大陸は雪と氷につつまれる。両極の高気圧冷気が赤道の暖かさを閉じ込める。太陽光は絶え間なく降り注ぎ、赤道は高温状態になる。やがてはじけるようにその熱が高緯度へ拡散される（図-48）。大陸の雪と氷が解ける。雪解け水は多くの湖をつくる。氷によって破壊された岩石は、熱風と太陽光によってさらに細かく砕かれる。やがてその地域は砂漠化する。

　大洋は膨張し、火山活動が活発になる。

　造山運動はものすごいスピードで山脈を形成する。それはやわらかい層からなる山々を次々に破壊し進行する。崩落した土砂は下流の動植物を埋める。頻発する地震が山地崩壊に拍車をかける。

　大洋近くの山脈は海抜7,000mを超える。その重力が反対側数千キロメートル先の海底地盤を押し上げ、水平方向の力は麓の地盤を切り裂く（図-5Ⅰ参照）。

　北アメリカ大陸のロッキー山脈はグレートプレーンズやプレーリーの大地をつくり、南アメリカ大陸のアンデス山脈はブラジル高原やグランチャコを、南アジアではヒマラヤ山脈がインドのデカン高原とヒンドスタン平原を形成する[12]。

---

[12]　塩分がまだ残るこれらの台地は、コケ・シダ植物から、乾燥に適

チベット高原は中国南部の堆積地を押し上げる。

その他アフリカ、オーストラリア、南極などの大陸の隆起はまわりの海底をさらに沈める。低地の平原は水没し黄海、東シナ海、ジャワ海、アラフラ海、ベーリング海、東シベリア海、北海などの新たな海域をつくる。

海水位の変動は、火山や山脈が地上にできるたび下がり、山々が削られ土砂が海へ流出するたび上がる。それは地球の陸地（海面上）の体積の増減による。

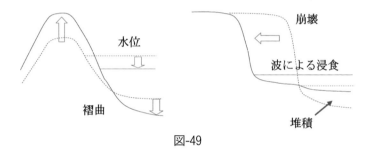

図-49

はるか沖合、噴煙と水しぶきの中から地球の内臓が飛び出す。まわりの海水は沸騰し、魚たちは逃げ惑う。大海を切り裂く地球の活動が収まると、最初に藻が海岸に棲みつく。そして小魚がプランクトンを見つけて近づく。それを鳥が狙う。鳥のフンやカラダに付いた胞子や種で、菌や草が根を張

応した草原地帯になり、後に人間によって綿花・畑作地帯になる。

第二幕の世界　突然変異したものたち

る。そのうち昆虫がどこからともなくやってくる。島はやがて小動物たちによって小さな世界がつくられる。

動物の移動

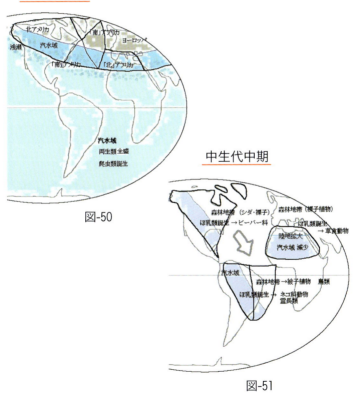

古生代終期

図-50

中生代中期

図-51

新生代

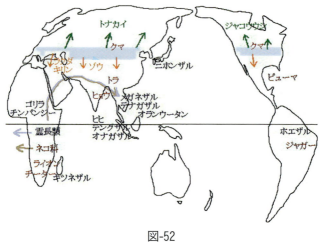

図-52

　汽水域は将来乾燥地帯になる。

　中生代、生存競争の激しい大陸の汽水域（現在の砂漠地帯）では恐竜が支配する。「南」アフリカの東側にいる動物たちは種類を増やし進化していく。新生代に入ると、進化した動物たちは陸づたいに世界中に拡散する。そしてそれぞれの地で環境に適応したカラダをつくる。

　恐竜がいなくなって、北緯45度を境に北へ向かうものと南へ向かうものに分かれる。北へ向かうのは、おもに将来植物食哺乳類になるものと、**クマ**などの雑食哺乳類になるものたちである。南に向かうのは、将来の植物食哺乳類（**ゾウ**や

ラクダなど）たちである。

　ユーラシア大陸北部およびカナダ北部は、古い地層が残って今も昔も森林地帯である。そこでは植物食爬虫類（恐竜）から進化した植物食哺乳類が今でも棲む（**アメリカバイソン・ジャコウウシ・シカ・トナカイ**など）。

　南アメリカと「南」アフリカが一つであったとき（図-51）そこから霊長類とネコ科哺乳類が現れる。「南」アフリカに棲む霊長類はその後各地へ移動し、一部は類人猿（**ゴリラ・チンパンジー・オランウータン・テナガザル**）になる。一方、南アメリカに残ったものは進化が遅れる。

　ネコ科では**ジャガー**と**ピューマ**は南アメリカに残り、**ライオン・トラ・ヒョウ**はアフリカから各地へ広がる。**チーター**はアフリカを出ない。

➤植物食獣の末裔たち

　爬虫類がなかなか内陸部へ進出できないのにくらべ、哺乳類は寒冷期の乾燥した大地にもどんどん進出する。かれらは活発である。地球がにわかに賑やかになる。小型動物食哺乳類が虫を追い回す。植物食哺乳類は栄養豊富な草・木の実でカラダを大きくする。角を持つ大型植物食動物の気性が荒いのは先祖（植物食恐竜）ゆずりだからしかたがない。北の方で暮らしていた中型の動物食獣が寒冷期になると植物食獣を

105

追って南へ下りてくる。おもにイヌ科の動物である。

　このころになると動物食獣も植物食獣も長い足を持つ。そこに筋肉をつけて大地を駆け回ることができる。大地はかれらのものである。

　魚や下等動物は親が教えることができないので、遺伝子に生きていくための情報を詰め込む。少し進化した爬虫類は、子が成長するまで近くで見守る。しかし残念ながらさらに進化した動物食哺乳類や鳥類の一部は、子が未熟で生まれるため親が世話をしないと生きていけない。環境への対応を考えると優位かもしれないが、生存競争でははるかに劣っている。草食哺乳類も劣っている。

➤「極」をめざすもの

　数十億年の間に大きな大陸が海洋の浸食によってこわされ、海の底に沈んだり出てきたりして地球の景色は全く変わる。寒冷期が訪れる。白い世界で動くものは時間であり、その世界を支配するのは黒い闇である。

　そして地球がふたたび暖かくなる。氷河期を生き延びた哺乳類の長い毛は非常に暑い。かれらは海水につかるが厚い毛のせいで海水が皮膚までとどかない。今度は高い山に登る。いくぶん涼しいが雷がこわい。かれらの仲間は北へ向かって

歩き始める。仲間の数がだんだん少なくなる。

　食べ物は主に亜熱帯の果物から広葉樹に棲む小動物に変わる。獲物が少なくなると、ときどき海にでて魚を捕まえようとするがうまくいかない。岸では子どもが母親を待っている。そしてこの行為がやがてかれの首を長くする。

　洞窟をみつけると、居心地がいいのか長らく滞在する。そこで子どもはすくすく成長する。あらたな家族ができるとふたたび移動を開始する。何世代にもわたりやっと涼しい場所にたどり着く。かれらにとってそこが永遠の地となる。色がなくなった毛は苦労の白髪である。

　白い世界で生きる動物はカラダが保護色になるが、かれらの子どもは先祖の色のままである。

➤復活するものと追われるもの

　中生代、ネコ科動物は虐げられ、木の上で生活するしかなかった。まだ爬虫類として生きていた時代である。その名残としてヒョウは獲物を木の上へ運ぶ。ワニに襲われていたジャガーは立場が逆転し今ではアマゾンでワニを襲う。しかし水辺は相変わらず怖い。それをトラは克服する。

　ネコ科の動物で一番遅れたのがライオンである。小型動物一匹も捕まえられないので集団で狩りを行う。俊足の動物が森を駆け抜ける。恫喝する声が弱いものたちを襲う。鳥は空

へ逃げ、虫は草のかげにかくれる。

　爬虫類からまったく違う動物に変わった獣は、のどを鳴らし口角を上げて威嚇する。乾いた空気の中は恐怖が支配する。獣は鼻でエンジンをふかす。口元には触角（ヒゲ）を復活させている。かれの耳は獲物の音を探し出す。

　神経を研ぎ澄まし、息を殺し、五感を働かせる。獲物は近くにいる。爪を立て、髪を振り乱して襲いかかる。牙が相手の首に突き刺さる。獲物は痙攣し息絶える。太陽で焼けた大地に朽ち果てた動物の残骸が横たわる。

　温暖期に大きく育った草木は寒冷期には成長を止める。豊かな森は南にある。暖かな気候と豊富な草や木の実を求めて南へ向かう集団がいる。かれらは新しい「群れ」という社会をつくっている。動物の進化は性格まで変える。気が荒かった先祖だが、今ではつつましく生きている。

　かれらは移動を開始する。すると怪しい影がかれらのあとを追う。かれらはそれをまだ知らない。群れの防衛体制や個別の防御機能も持ち合わせていない。なにより戦うことを教わっていない。先祖の教えに逆らうことはかれらにはできないのである。追いかけてくる相手には逃げ、奇襲をかけてくる相手からは瞬時に避難する。この方法しかない。それでも群れの仲間が餌食になる。

第二幕の世界　突然変異したものたち

　かれら角のない草食哺乳類は、隆起した中央アジアから、草と暖かさを求めて移動してきた種の子孫である。

➤特殊に進化した動物

　氷河期に海や河口に進出した哺乳類仲間で、メタボ海獣の**アシカ・オットセイ・セイウチ**は上半身（首と前足）が発達している。だから芸達者だ。**アザラシ**の仲間は下半身（腰の骨と筋肉）が発達している。両者は泳ぎ方も違う。前者は鳥を、後者は魚をまねる。海牛の**ジュゴン**は浅い海に棲み、**マナティ**は暖かな川や河口を棲家とする。みんなイタチやゾウに似ている。

　カモノハシは哺乳で子を育てるが卵を産む。前足は水かきが付いてくちばしは鳥。哺乳類と爬虫類と水鳥が合体した珍種である。いや、遠い先祖が残した遺伝子を無駄にしていないだけである。

　最大の動物**シロナガスクジラ**（全長約30ｍ）は小さなアミを濾して食べる。最小から最大への食物連鎖は途中の動物たちを無視している。カラダが大きくなりすぎて獲物を捕らえられないのである。

➤固有種

　地球がひとつの大陸であったころ、両生類から爬虫類に進

109

化した動物は全地域に分布する。

　地球の環境変化によって動物が進化する時期はどこも同じである。小さな大陸でもさまざまな爬虫類が生まれ進化する。しかし爬虫類が巨大になることはない。中生代の後半、爬虫類の大部分が哺乳類にかわる。その中の一部の哺乳類は二足爬虫類の遺伝子を持つ。その遺伝子は成長をはやめる。しかし哺乳類への進化が成長を止める。一方爬虫類としてひっそり生きてきたものは、大きな哺乳類に捕食され数を減らす。

　大きな大陸から切り離された大地は遠くへ移動する。そこでは哺乳類同士の弱肉強食はなく楽園にも思える。そのため外敵に対しての免疫がない。未熟児で生まれても一匹で生まれても問題はない。しかしここでも有害な細菌は存在する。全身毛で覆われている動物でも母親の乳は露出している。かれが細菌から守る手段として得たのが、乳を守るあらたな「皮」である。子は生きるために乳に向かう。そして袋の中で成長する。

➤「極」へ逃げるもの

　生存競争を嫌う鳥が海岸に逃げる。岩礁に身を寄せて水面で泳ぐ小エビや小魚をねらう。陸上の虫にくらべ海の食べ物は高タンパク質である。そこで体重がふえる。かれはもう大

第二幕の世界　突然変異したものたち

空を羽ばたくことができない。このままいれば肉食獣の餌となるだけ。島づたいにひたすら逃げる。行き着いたところは空の世界はなく、白い未踏の極寒地である。そこではブリザードが生物を寄せつけない。そして暗く重く冷たい海が広がる。かれらの子孫はその地の環境にみごとに適応する。

➤乞うもの・寄り添うもの

　寄生する動物はずっと昔からいる。それよりはるかに大きい動物が、害とならない範囲でもっと大きい動物に乞う。餌はおこぼれにあずかり、怖くなったらその動物の陰に隠れる。

　ある霊長類が木から下りる。すると顔と首の長い草食動物の背にまたがり毛づくろいをはじめる。媚びるのは生きる知恵である。草食動物は土を掘り起こし球茎や根茎の食糧を探し当てる。かれはその動物の食べ残しにありつく。

　木の上に残ったもの、木から下りたもの、それぞれの子孫はまったく違う進化をとげる。

霊長類の出現

　多種多様の哺乳類が生まれてくるが、ひときわ能力の劣る動物が現れる。各動物はそれぞれ特別な能力を持っている。

鳥はすばやく逃げるため視覚を発達させる。多くの哺乳類は嗅覚と聴覚が発達している。脚力もそなわっている。しかしこの動物たちはすぐれた能力が見当たらない。走るのも遅い。だから毎日おびえて木の上で過ごす。同じ木の上で過ごす鳥（晩成性）に似る。かれらの子どもはちょうど鳥のヒナのようで、それがかれらの先祖の姿である。

　かれらが新種として誕生して以来、地球の温暖化と寒冷化は何度も繰り返される。そのたび温暖な地域へ移動する。地上はどこも雑草と被子植物が生い茂り、かれらはうまい木の実を求めて木から木へと移動する。そうやって大陸のすみずみまで進出する。

　かれらが発達させた能力に顔の表情をつくるという動作がある。顔の筋肉を使ってコミュニケーションをはかる。これは他の動物にはできない。その他の外観的特徴は、頭部が丸いことである。その特徴だけをたよりに仲間を探し回る。

第二幕の世界　突然変異したものたち

第四章　人間への旅

　後世に至って確立された**ゴリラ**や**チンパンジー・サル**といった霊長類の当初は、それらがかけ合わさった動物たちである。その種類は全頭数に匹敵する。ヒトもその中にいるがまだ区別はつかない（図-53①）。人類という特別な種は存在しない。

図-53-1

図-53-2

　多くの霊長類は前足（腕）が長く、後ろ足が短い。なかには後ろ足も長いものもいる。前後の足の長さが逆転しているものもいる。その動物たちも他の動物同様「手」をついて歩いている。だからこの時点ではまだ足である。

700万年前　ヒトのはじまり

　あるものが、どうも歩きにくいと感じて二足歩行をこころみる。そのうち他の仲間もまねをする。しだいに平衡感覚が養われ自由に動きまわれるようになる。そして脳が刺激される。前足が短く後ろ足が長い仲間は全員二足歩行になる。このときは体格が大きい小さい、頭が大きい小さい、体毛が多

い少ないといったいろいろな仲間が一緒になっている。全員が猫背で、全身毛で覆われ、しっぽも付いている。しかし二足歩行つまり上体を上げたことで、しっぽは必要でなくなる。

彼らにとって平和な時代がつづき仲間の数が多くなると、縄張り争いが起こる。仲間同士の最初の争いは威嚇攻撃である。しかしそのあとどうしていいかわからない。怖くなって逃げたところに別の怖いやつがいる。さいわい草食獣である。敗れたものは別の場所へ移動する。ヒトとなった一団は、カラダや顔の特徴でいくつかのグループに分かれる（図-53②）。共通するのは木登りが苦手ということ。

ヒトはその行く先々でいろいろな動物と出くわす。そのたび逃げかくれる。非常に臆病である。武器となりえるものを持ち合わせていない。いつも死と隣り合わせ。安全な場所や、心安らぐ時間はあるのか。これはヒトに与えられた試練である。この問題を解決するため、獣たちと、または仲間同士が争うことになる。

600万年前　猿人

流浪の旅人となったヒトは四方へ散らばる。共通して困るのは食糧の確保である。初めてのものを口に入れて食中毒を

起こす。それを教訓として、次からにおいをかぐ。腐る前の熟した木の実は鳥から奪って食べる。が、かれらはもともと肉食である。鳥同様、完全には消化できずに中途半端に排泄する。彼らにとってはひとつひとつが冒険である。

ある一行が旅の途中、嵐に出遭う。突然稲妻が光る。目の前の木に落雷し、あたりは炎につつまれる。動物たちは奇声を発しながら逃げまどう。自分たちも一生懸命走る。熱い炎に耐えながら鎮火を待つ。そして焼け跡の中から食べられそうなものを探す。黒くなった木の実と動物の丸焼きがある。ひとつひとつ試食する。このとき「焼く」調理法を学ぶ。それからは動物の死骸を見つけると、火のあるところを探すようになる。しばらくすると獣たちが集まってくる。ヒトは逃げ出して、また群れがバラバラになる。

小枝を持った小集団がいる。どうもこれで木の実を落とすらしい。端のほうで小枝を振りながら踊っているものもいる。すると近くにいる動物たちが逃げ出す。そうやって道具とその使い方を学ぶ。

あるとき乱暴者が木の枝で仲間を刺し殺してしまう。他のみんなは一斉にそいつを袋だたきにして群れから追放する。流れ者となった彼は、動物たちと行動を共にする。もちろん草食獣である。そこで動物たちからいろいろ教わり、別のヒトの集団に加わる。そして動物たちから教わったことを活か

第二幕の世界　突然変異したものたち

し、群れのリーダーになる。

　この時代は、武力によらず、新しいことを発見したものが
リーダーになれる社会である。

200万年前　原人

　彼が群れに持ち込んだのは動物たちの鳴き声[13]である。
そこから声帯を発達させコミュニケーションをとるようにな
る。しかしまだ言葉にはならない。今まで顔の表情や動作で
示していた意思の疎通が音声によってできるようになる。

　獲物は小動物から中型動物へ。それから集団で狩りを行っ
て、大型動物までも獲物とする。筋肉がつき、皮膚下に脂肪
が蓄積されると体毛が徐々に落ちていく。しかしまだ射止め
た動物の皮をまとって寒さから身を守る術を知らない。

　家族がふえて手狭になったので、あらたな地へ移動しなけ
ればならない。

60万年前　旧人（ネアンデルタール人）

　地球は長い寒冷期から温暖化へ向かっている。火山活動

---

[13]　今でも幼い子どもの叫び声は、猿や小動物に似てカン高い。

が激しくなってくると動物たちが騒ぎはじめる。大地が揺れ、山がこわれる。海は荒れ狂う。動物たちに逃げ場はない。真っ赤な溶岩と熱風が襲いかかり、かれらも動物も狂い出す。人間は多くが倒れ、数少なくなった猿人や原人などは絶滅する。人間や動物もここで生き残ったものは生命力の強い、選ばれしものたちである（図-53③→④）。

　温暖な気候は衣服を必要とせず脱毛を進める。かれらは泥をカラダに塗り込んで、皮膚を紫外線や寄生虫から守る。

20万年前　新人（ホモ・サピエンス）

　人間はまた移動を開始する。そこは溶岩がすべてを消し去っている。かれらは海に食糧を求める。しばらく海岸の貝類で間に合わせる。食糧が乏しくなってくると、しだいに凶暴になる。仲間内のケンカが絶えない。そのうち音声を「言葉」へ発達させ、よりコミュニケーションを取ろうとする。しかし言葉を得た人間はそれ以後悩み続けることになる。言葉は事実と嘘を同時に生み出したのだ。

　動物は目にした映像や体験などの情報を記憶し、遺伝子に保存する。それは種が生き残るための必要条件だからである。しかし人間は他の動物より劣っているので、常にそれを

第二幕の世界　突然変異したものたち

思い起こす。人間は至るところに動物の絵をかいて、狩りの方法を忘れまいとする[14]。かれらはすでに指先が器用であり脳も発達している。

　かれらは一族を引き連れ別々の場所へ向かう。動物を見る目は、恐怖から獲物へと変わっている。顔つきもいくぶん精悍になっている。人間は昆虫や木の実を主食としていたが、飢えをしのぐためやむなく草を食べ始める。当初カラダは受け付けなかった。しかし腸が長くなって消化・吸収することに成功する。食糧の変化で、カロリーが少なくなって衣服で体温を保持しなければならなくなる。本格的な穀物の時代はまだ先である。

　気候が温暖になって地上で生命が息吹く。そこではまた生きるための戦いが始まる[15]。

　かれらの前に見たことのない人間たちが現れる。言葉はしゃべれないようだ。外観はかなり違う。体格が大きく骨が発達している。石灰岩の大地に長く棲み続けたからだ。そして直立歩行である。この人間は頭蓋骨が大きく、直立でもっ

---

[14]　フランスのラスコーやスペインのアルタミラ洞窟壁画など。

[15]　サルは縄張り内の食糧を守ろうと部外者を追い出すが、特殊に進化した人間は敵対するものを殺す。

て重たい頭を支えている。頭と首が大きいものと、頭も首も小さいものが結合し、頭だけが大きい人間が生まれる。かれらはおのずと直立歩行になる。そして顎（あご）が下がってくる。

　違うものの間で生まれた子もその誕生から頭を大きくする。母親はオロオロする。頭を支えないと首が折れそうである。片時も目が離せない。そして何より最も生命力の弱い動物として誕生したのである。もし自然に対し従順な動物ならここでは生き残れない。

　赤ん坊は胎内の極楽の世界から生み出され、自然環境の厳しさに驚き、ただ泣き叫ぶ。この世界をいやがっているように。たとえ母親が我が子を不憫（ふびん）に思っても、生まれてきた以上この世界で生きていかなければならない。

　人間の赤ん坊はチンパンジーのそれとあまり変わらない。数カ月すると自由に動き回り、半年から1年で二足立ちする。しかし頭が重たい分不安定である。

10万年前　人種

　数万年の間に哺乳類たちもすっかり様変わりする。体毛の長いものは北へ移動し、少数の子どもを時間をかけて育てる。そこは動物たちの縄張りである。人間はそこに遠慮なく入っていく。当然争いが起こる。先住者を追い出すのではな

第二幕の世界　突然変異したものたち

く、捕まえて食糧にするためだ。

図-54

　ある団体が衝突する。すると家族単位で四方へ散らばる。ひとつの家族が移動の途中で別の人間の家族と合流する。その家族の子、孫は両方の遺伝子を受け継ぎあらたな人種ができる（図-53④）。彼らはこの家族だけに通用する言葉を開発する。そして多くの単語を作り出す。それでより細かく意思伝達ができる。一方、言葉を知らないままの人間は話せる人間から疎外され、行き場を失う。彼らの子孫は話せる人間の僕となる[※16]。

[※16]　奴隷制度の先駆け。

5万年前　遠征と移動

　地球が再び寒冷期に向かっている。人間たちは数を増やしながら北へ東へ移動する。

　毎日襲い来る夜の恐怖から逃れようと、かれらは太陽を追いかける。その中で生きる知恵は独自に発達する。それは協力し合っての自己防衛である。

　一家族の縄張りは100km四方、歩いて行けない距離を確保する。あとから来るものはその先に進まなければならない。地震や噴火をさけ、なおかつ水と食糧が確保できる場所は人間のみならず他の動物にも人気が高い。そういう場所では頻繁に紛争が起こる。かれらに打ち勝つためには身内の数を増やす必要がある。外部から新たな人間を受け入れて同じ仲間同士の部族とする。

　所帯が大きくなったところは、縄張りも大きくする必要がある。ここから若者たちによる遠征が始まる。留守をあずかるのは長老たちである。

　長老のなかでも一番の年長者が部族のリーダーである。人間の寿命が短い時代にあって長く生きてきたのは特別な「力」を持っているに違いない。周りのそういう思いからかつぎあげられた指導者である。これより特定の人間を仲間内の象徴として崇めるようになる。

第二幕の世界　突然変異したものたち

鉄と火と銅の発見

　移動の途中かれらは鉄鉱石の台地へ足を踏み入れる。大きな石を振り落とすと火花が出る。かれらはひらめいた。鉄鉱石を砕いて持ち歩き、枯れ葉に火をつける。

　狩猟の時代、道具は石器である。石をうまく細工して狩猟道具として用いる。ある時火山の噴火で流れ出た溶岩（1,000℃を超える）が地面を焼き尽くす。そのとき黒い大地の中に緑がかった岩を発見する。展性のあるこの岩（銅）を加工し装飾用に利用する。

　青銅器時代のあと、融点は少し高くなるが展性もあり、より軽い鉄が重宝される。銅の装飾から実用的な鉄製道具・武器の時代がやってくる。

　鋳造技術は土器窯業から発達する。

3万年前　定住生活

　かれらの日常は不安だらけである。食糧と水の不安、獣たちに襲われる不安、大雨と寒さの不安。このうち三つは洞窟を住居にしていればなんとかなる。食糧は若者たちが捕ってくる。それで少し余裕が出てきて、いろいろなものを発明する。狩りに使う弓はあとで戦う道具になる。ツタをつなぎ合

わせたロープは罠を仕掛ける道具である。水を入れる器は、土をこねて作った器が火事に遭い、そこで偶然焼成された「土器」だ。

　槍と弓を持って山から下りてきた若者たちは、草原にいる獣を見つける。さっそく狩りを始めようとしたとき、縄張りの主が現れ小競り合いが起こる。若者たちは獣が家畜になっていることに衝撃をうける。しかしこのころはまだ野生の獣を縄でつないでいるだけである。

　世代が代わり、洞窟の部族は山を下り、平地に居を構える。そこであらたに家畜を飼う。かれらは獣を上手に飼いならし、そしておとなしい獣を見つけ出してその種を増やす[17]。

　人間は今では全世界に分散している。海岸から山奥まで、ジャングルから氷の世界まで、地球上で未踏の地がないほどである。おのおのが先祖から受け継いだ縄張りをかたくなに守っている。今まで平穏に暮らしてきたその土地を離れるのが怖いのだろうか。いや、まだ見ぬ世界が怖いのである。それでも果敢に挑戦した先祖の苦労がしのばれる。

---

[17]　獣の品種改良がはじまる。

農耕への挑戦

　草原を離れたものたちは河川敷へ向かう。雑草が生いしげり見通しがきかない。これらを焼き払い小動物を探す。小動物は見つからず、焼けた草や種で飢えをまぬがれる。多種多様の雑草の中には麦や米もある。その種が食べられるとわかったとき、食糧として栽培される。栽培はしばらく河川敷のみで行われる。作物は収穫まで管理しなければならない。農耕が定住生活をもたらす。

　しかし天候に左右されて収穫もままならない年がつづき、農耕を断念するものがこの地を去る。残ったものは、将来その地域の富（食糧）を独占するようになる。

　かれらはその日限りの肉食から保存のきく穀物へと、食糧の大変革を成し遂げたのだ。

　数万年の間人間の農耕を中心とした生活に大きな変化はなかった。それが食糧の外部からの調達、基幹産業であるという意識の欠如、それに核家族化と人口流出が農村を大きく変える。農耕者はいなくなり生産力が落ちる。そして耕作放棄地は拡大する。

　こういう未来の姿をだれが予想しただろう。

1万年前　文明の始まり

　人間の自然へのかかわり方が変化する。「自然の恵み」の
みで暮らしていた時代から「文明」と呼ばれる時代に入る。
文明がもたらすものは富と欲。富は定住によってもたらさ
れ、欲は安心を得るために起こる。

　人間は考えることをやめない。こうすればこうなるという
経験則と観察力から、合理的に物事を判断するようになる。
すると利口になったのか欲が出る。最初は安心を得るための
ものが、経済活動によっていつしか満足を得るためのものへ
変質する。そして満足は「支配する」こととなる。

　分業や専門というのは経済が発展した未来の言葉である。
自給自足はもちろんのこと、一人ひとりがすべてをこなさな
ければ生きていけない世の中である。そういう暮らしをして
いた部落の間で交流が起こり、自分の地域で生産した食糧の
余剰分を物々交換するようになる。

　経済活動が開始される。交換品も食糧から家畜・衣類と種
類が増える。部落は「村」になって、それを結ぶ道ができ
る。余裕が出てきた村は家畜を農業や運搬に使う。

　生産量が上がり富が生まれる。富を運ぶために新たな道を
つくる。そのうち仲間同士に負担・奉仕・協力つまり共和の
精神が生まれる。が、やがて富の奪い合いが起こり武装す

第二幕の世界　突然変異したものたち

る。そして独占を生む。経済が発展し強者が現れる。同時に人々の作業に繁閑が生まれ時間的余裕が出てくる。これがさらなる発展を生む。

　人間は古来モノをつくることで、文明や発展という名の繁栄をきわめている。しかしもともと弱い動物である。弱いがためにモノをつくらざるを得ないのかもしれない。そして弱いがために集団をつくりその中で身構える。

　人間社会で生まれた文明は、自然に生きるものたちまで巻き込む。動物たちの縄張りに踏み込んで森を焼き、地面を掘り起こす。抵抗するものに容赦はない。動物や植物は常に生存競争と弱肉強食の世界で生きている。人間も例外ではない。しかし人間は少人数での殺し合いは行わない。組織をつくり集団で行う。それが戦争という究極の生存競争である。

　人間の集まる地域が都市となり地方を引っ張る。やがて都市は汚染され消滅する。しかしすぐまた別の都市ができる。人間は近くに仲間がいないと生きていけない動物なのである。

　人間はつねに経済発展と便利さを求め続ける。経済発展はモノへの執着であり便利さは汗を流さない。社会が発展するにつれ、その環境と自然の環境とが乖離する。今では閉ざさ

れた世界だけで生きている人間が自然の環境と接するものは
何があろうか。

現　在

悩める人間

➤知恵の代償

　霊長類が他の哺乳動物と違うのは視覚・聴覚・嗅覚そして脚力が劣る点にある。人間も霊長類の仲間だからそれらが劣っている。

　しかし本来優れた能力があって生き延びてきた種の末裔(しゅまつえい)なのだから、すべてにおいて劣っているわけではない。それにもかかわらず、なぜ人間は知恵を働かせて楽を求めるのか。

　あるときは「楽」を享受し、「旨(うま)さ」を味わう。そして「楽しさ」で満足する。そのたび野生本来の能力が失われる。五感以外で感じるものを第六感（テレパシー）と称し、理解し得ないものを「超能力」と決めつける。例えば「胸騒ぎ」や「気配[※18]」は第六感で、霊感（ひらめき）は超能力である。「楽」を求めれば足腰が弱くなるし「旨さ」を求めれば味覚が麻痺する。「楽しさ」を求めれば辛さが倍増し「安全」を求めれば危険がわからなくなる。せっかく人間が築き上げた

[※18]　動物に目がまだ無かったときの遺伝子がはたらく。

この特別な能力を使うことにより人間自身がダメになっていく。

　生き延びるために培われた知恵は、決して人間を堕落させるために生まれたものではないはずである。遠い先祖は常に追いつめられた状態であったに違いない。

　厳しい環境下で成し得た先祖からのこの知能とカラダは次世代のためにも大切にしなければいけない。

　果たしてわれわれに失われた野生の記憶は戻るのだろうか。

➤社会の発展

　時代はいつも成長と停滞を繰り返している。人はより良い社会の発展を願うが、ある程度成長すると個人個人が不幸となり停滞する。人々はそれを意識していない。それは法や秩序によって自身が束縛されることや、欲を追求するために自身を犠牲にしなければならないという不幸を感じていないのである。社会に追い詰められている状況は古代の人間と変わらない。そこにはいつも不満が渦巻いている。その不満が停滞を生む。前向きな考えにならないのだ。

　昔から都市は大火等により幾度と無く破壊されてきた。人々はその都度立て直す。建物は新しくなり人の気持ちも新

しくなる。再生能力は植物のようである。一方地方は家も道も変わらない。目にするものが変わらないかぎり人の変化は望めない。都市部は代謝があり地方は旧態依然である。

世の中の急激な変化に、人は流されまいと必死にしがみつく。そこには理解や納得はない。先導するものもいない。いても引きずり下ろされる。どこを、何を目指しているのかもわからない。ただ目の前にあるものがほしいだけである。

今、おいしい食事があり手を伸ばせば何でもあるというのが当たり前になった生活、また競争を好ましくないとする風潮が人の心を弱くする。「がむしゃらに生きる」というのはもう死語になっているのかもしれない。

競争と協調の間で、挫折・裏切りに遭い、「社会の不適合者」という思いにかられるのは、生き方が下手だからだろうか。

➤情報化社会

情報収集は昔からある。少ない外部情報は貴重で長く大切に扱われる。ただ今は社会が情報化され、大量生産された情報はその多くが使い捨てされる。選別し有効に使う者にとっては非常に良いものであるが、多くの者は意味もわからずコミュニケーションのツールとしておもちゃのように扱う。おもちゃで終われば良いが、たちの悪い情報は自殺まで引き起

こす。

　ある事柄についての内容で強く印象に残る言葉がある。内容を知らない者の多くはこのワン・フレーズですべてを理解しようとする。これが誤解の原因である。

　人々は自分たちが流した情報にいつも振り回される。耳から入るものは各自の脳で装飾し、誇張され、脚本化されて流れる。いつしか真実は失われ異質なものに変わる。これは古代から変わらない。現代に至っても真実を見抜く「目」は追いついていない。耳は心地いいものだけ拾い上げて流される。

　活字が広く世間に出回ると、聴覚より視覚による活字が信頼を勝ち取る。しかし映像が出てくるとすぐに活字に取って代わる。想像するという脳の働きを起こさなくてよいからである。

　情報の大部分が映像化された現在でも問題は起きる。個人個人の興味本位で広がる情報がニュースを駆逐する。そこには善悪の判断が伴わない。世の中に大量に流出する多種多様の情報を管理する機能が現代社会には欠けている。混乱の一歩手前だ。この情報をある意図を持って操作する者は、繰り返し宣伝し、視聴者に思考を起こさせない。人々が考えることをしなくなったとき、または疑問に思わなくなったとき、それは「洗脳」と呼ばれる。

現 在

➤子ども・教育・ジレンマ

　子どもは自分が発する一つ一つの言動に対し、大人がどう反応するかをその目と耳で確かめる。さらに試み、そこから得る多くの情報を生きるための糧とする。子どもは決まってこう言う。「おっちゃん、なにしてんのぉ」

　生まれたときに親が離れる爬虫類とは違い、哺乳類は本能以外を教えなければならない。つまり哺乳類は小さな社会を形成する。

　親がする一挙手一投足は言葉にしなくてもこの世界で生きていく方法を教えている。しかし人はそこに言葉を入れる。人の言葉と行動はほとんど一致しない。子どもは混乱する。そして子は親の表情を見て判断する。

　親は子を批判してはならない。子に罪はない。親のまねをしているだけである。子どもに道徳を教えようとするならその親を教育しなければならない。

　世の中が本音と建前でできているとしたら、学校は建前の世界、家庭は本音の世界、社会は両方が入り混じった世界である。

　子どものころは自然のなかで生きる小動物である。成長してくるとおのずと人間の社会へ引きずり込まれる。そこは大人が作り上げた自己中心的な社会である。そして「相手をやっつけろ」と命令する遺伝子が常に働いている。それは大

133

人の本性、動物たる人間の本能である。

愛玩動物

➤犬

　人間が犬を手なずけはじめたのははるか昔である。数世代を経て、狩猟仲間として人間社会に溶け込む。

　それから数万年が経過する。道ばたを小柄で短足の四つ足動物がチョコチョコ歩く。どう見ても先祖がオオカミの仲間だとは思えない。もしかしたら人間も霊長類からこのくらい変化したのかもしれない。毛は短く刈られ、きれいな服を身につける。犬にしてみたら大きな迷惑である。痛く痒く不愉快な顔を見せるが、ご主人様は意に介さない。主従関係はここでも虐待を生む。

➤猫

　猫は自ら人間社会に入ってくる。昔の人も害とならないから拒否はしなかった。しかし好きではなかった[19]。しっぽを立てて足もとにまとわりつく。そしてミャーミャーと鳴

---

[19]　十二支にも入らないし物語にも登場しない。唯一江戸時代に化け猫として登場する。

現在

く。かれらは退屈しのぎに散歩に出る。飼い主という人間の管理の外へ。ただウロウロする。腹をすかせたころ戻ると給仕（人間）が餌をくれる[20]。幸せな動物である。給仕（人間）はご主人様（猫）がいつどこで用を足されるか知らないし、知ろうとしない。

　人は犬を利用するが、猫は人を利用する。長く人間社会で生きてきたかれらの知恵である。

➤従順な動物

　二足動物がご主人様に連れられて、定時にコンクリートの建物に入っていく。かれには手綱もご主人様の姿も見えない。そこに行くと仲間がいる。みんなせっせと働いている。調教された動物のように。餌（報酬）にありつかんがために一生懸命である。

　定時になると飯が食える。またせっせと働く。ある時間過ぎると檻から解放される。解放されても昼間の残像で気分が晴れない。昨日と同じ、明日も何ら変わらないだろう。

　かれは吠えない。吠えると餌がもらえないのだ。ひたすら我慢する。1回叱られると1日寿命が縮む。かれはもう10日も命を縮めている。でも、それでもいいと思っている。

---

[20]　「飼う」ではなく「餌付け」である。

動物の能力

➤遺伝情報

　多くの動物たちは一生自分のカラダを見ない。にもかかわらず仲間たちを認識する。視覚ではないもの（遺伝情報）がそうさせるのだ。

　動物が日常を体験しているときに脳が最も重要な情報と判断したとき、それを遺伝子に残す。同じような情報は濃縮され強く残る。そして危険が迫ると先祖からのその遺伝物質が出て脳へ行く。だから自身が経験していなくても何が危険かはわかる。わからなければ生きていけない。

　ナマズの地震予知や動物たちの異常行動は、遺伝子の命令による危険回避である。人間の行動は自分の意思によるが、下等動物の行動はほとんど遺伝子が操作する。それが本能である。

　日本のウナギは、入り江や河口や川がはるか昔のころより汚くなっていてもちゃんと来てくれる。そして卵を産むため西太平洋の深海へ戻る。これらは遺伝子がそうさせるのだが、ウナギが現在の姿になった当時、「日本の元」の位置はその産卵場所に非常に近いところにあった。

　サケも生まれた場所で卵を産む（母川回帰性）。このように正確に場所を特定できるのは、遺伝子が天体との位置関係

136

を記録しているからではないか[21]。もしかしたらカラダの中にGPS機能を備えているのかもしれない。

ウナギは川（汽水域）で成長し、サケは海で大きくなる。これはその種が誕生した当時の環境の違いである。

はるか昔の、光も音もわからない世界で生きた動物は、遺伝情報が乏しい。そこでは月の周期（地球に対して29.5日）と天体の引力が子孫に残す情報である。これはすべての動物に受け継がれる。人間も例外ではない[22]。

しかし人間は、遠い先祖の教訓などが遺伝子に残っていても、自分の意思もしくは反射的にでもそれを呼び戻すことができない。人間は本人の経験（記憶）がすべてと思い込み、受け付けないのである。他の動物だったらすでに食べられている。

しかし一方で、人間はその時の自分が目にしたものは何ひとつ覚えていない。自力で思い出すのは、その場にいる自分を少し離れたところから見ている自分である。このぼんやりした映像には色はついていない。

記憶が喪失したとき、他の動物のように遺伝子が先祖の経験を呼び起こしてくれるだろう。

---

[21] 地磁気の変化と水のにおいで生まれた場所がわかると言う人もいるが。

[22] 女性の生殖機能の周期もその名残である。

➤「想い」の力

　動物たちの未知なる能力は自然から自立した時点から発揮される。

「魚にヒレができる」「陸上の動物が足を持つ」これらは移動したいという「想い」から独自にその環境に適した機能を身につけたものである。また鳥は翼を得る前、空をながめながらこの危険な地から逃れたいと切に願ったに違いない。昆虫やカメレオンのカムフラージュやタコの擬態は相手をだますために特殊な能力を身につけたものだが、それも食べないでくれという願いからきている。ただしこの能力は相手がだまされていると気づけば役に立たない。

　これらの動物の「想い」や「願い」は何世代にもわたって受け継がれ、やがて達成される。そして伝播する。人間が強く思い込めば願いが叶うように他の動物も然り。事に満足していれば何も変わらない。進化は動物たちの「想い」の結果でもある[23]。

　進化は長期にわたって会得したものと、突然変異を受け継ぐものとがあるが、前に述べたものは前者の場合である。

---

[23]　「想い」は長い期間が必要であるが、「願い」は比較的短い時間で成し遂げられる。

現 在

➤引きつけ合う力

　私は地球誕生前から宇宙に存在すると思っている。物質については二ュートンが説いた。物質だけでなく、あらゆる現象や状況においても、その謎を探ればここに行き着く。

　電界や磁界と同じ空間で、別の「引きつけ合う力」が働いている。愛情もその一つ。人間はそれを強く感じるのである。そのものが強く思えば思うほど、カラダからなんらかが発散される。そしてそれを遺伝子が一番近い肉親が感じ取る。「虫の知らせ」というのはこの現象であろう。この「なんらか」は遺伝子が発する固有の電磁波かもしれない。

　人間は自分では何も決めていない。自分の意思決定と勝手に思っているだけである。そのものを取り巻く環境（状況）がそのようにし向けている。人間は意識せず、おのずと引っ張られる。人間はそれに逆らえない。人はこれを運命という。
　人間は未来に向かって、つねに前へ進み、ときどき過去に戻る。過去を知れば知るほど、引きつけられるようにそこに近づく。そこには人間の生態として行き過ぎた社会を戻そうとする力が働いている。そして理想とは違う、本来そうなるべき姿に落ち着く。人間社会のたどるべき運命なのかもしれない。

日出ずるところ

➤誕生

7000万年前〜太平洋拡大

図-55

2500万年前

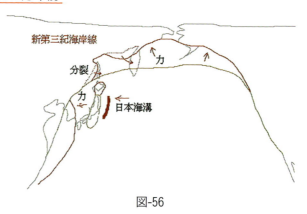

図-56

1500万年前

1500万年前に西日本が大陸と陸続きで、東北までの半島として誕生する

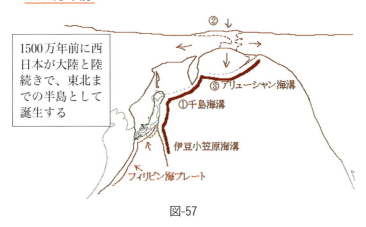

図-57

北海道

北海道は西側半分が樺太とつながり、大陸の半島となる

津軽海峡は広い

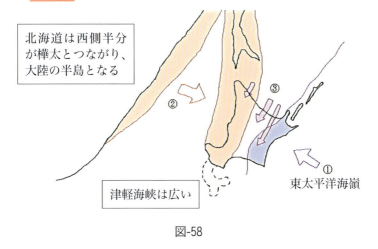

図-58

➣現在

　海岸線で、年間の高さ 1 cm ほどの海水の浸入を引き起こすのは、山々を削り取る降雨、波浪と氷河である（図-50）。2万年で200 m の海面上昇で日本は列島となり、平原だった大陸東岸は大陸棚（東シナ海）になる。

➣列島

　褶曲し削られた山脈の麓は保水能力が高く、火山灰の台地はミネラルが豊富である。この恵まれた環境および四季のある気候は多種多様の植物を育てる。また多くの河川の河口は栄養豊富な堆積層をつくる。目の前には黒潮が流れ込む豊かな海がある。

　先人は穀物より先に木の実と魚介を食してきた。その地は温暖な気候と、降雨による豊富な水の恵みがある。先祖はこの恩恵にあずかり、自然の恵みを壊さないようにして利用してきた。現代人もこの恩恵に感謝している。

　しかし水は利用することはできても大量の水を完全に制御することはできない。ダムや河川の護岸、運河などは、氾濫によっていともたやすく壊される。

　森は管理され林となる。その中をアスファルトの道路が走る。山の麓には境界がつくられる。野生の動物はそこを越えてはいけない。森はいつしか人間の縄張りになっている。

現　在

➤その地の人間

　狭い島の中で人間がひしめき合っている。肩どうしがぶつ
かり合い、睨み合いが起こる。縄張りは１cmの妥協も許さ
ない。この地ではすべてをぎりぎりで収めなければならな
い。このような窮屈な生活は昔から続いているので、人々は
当たり前であると、あえて意識しない。幸か不幸かそのため
繊細で神経質な人間に育つ。広々とした大地で育つ心のゆと
りはそこにはない。

　４万年前、黄海がまだ森林地帯であったころ、トラなどの
猛獣からサルといっしょに逃げてきた人間が行き着いた所
は、２万年前、波にのまれどこにも行けない孤島になる。同
時期、北の大地（シベリア）から南下してきたヒグマ、キツ
ネ、シカたちのなかに人間の姿がある。

　氷河期が過ぎても四季がくる。体毛が抜け落ちたカラダで
は、たかが３、４カ月の冬季でも耐え難い寒さである。人々
は洞窟に棲んだり土の中にもぐったりして寒さを凌ぐ。かれ
らには寒気の原因がわからない。ただ春が来ることを知って
いる。かれら以上に植物は知っている。植物に合わせ人間は
行動を起こす。

　自然の現象を観察し続けた人間が規則性を発見する。天体
はわかるが地震・台風はわからない。干ばつ・水害もわから
ない。人は自分の力ではどうにもならないことを他人の力で

143

解決しようとする。そこに呪術師が現れる。呪術師は神秘性を持たせるため女性を祭司に仕立てる。彼女はやがて女王になる。しかし女王の時代は長くは続かない。男の権力争いのなかで埋没する。人々は呪術師さえわからず、祭司さえおさえきれなかった噴火・地震・雷・大火の発生を、神様の怒りであると自分自身を納得させる。この地において誰もが経験するもろもろの天変地異の事象を「神」の仕業とする見解や価値観はすぐに共有される。

　人（故人）に対して、今まで動いていたものが動かなくなった。今動いていないものも以前は動いていた。動植物のみならず静物に対しては、今は静かであるがいつか動き出すにちがいない。生命が宿るという思いから八百万の神を誕生させる。かれらが万物に対してこう考えるのも自然なことである。

　空の神に対してか、人々は巨大な埴輪に似せた前方後円墳をつくる。人は神様への服従を示し祠をつくる。人々は神々の居場所として社をつくる。そこにどれほどの人が集い拝み続けたか。その魂はきっと神社の空間に漂い続ける。

　貨幣経済がまだ無いころ食糧は自給自足である。住居は雨露が凌げれば良い。獣のいるうちは毛皮に困らない。水は豊富にある。お互い差別も格差も無い。そこに棲む人々の生活

現在

は神様を中心にして成り立っている。この長い期間で培われ
た観念は時代が推移しても簡単に変わるものではない。その
思いは代々受け継がれ伝統として残る。

第五章 自然と環境

➢循環

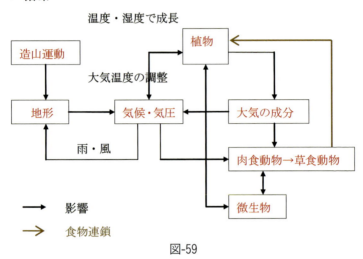

図-59

　食物連鎖の頂点に立つ大型肉食動物が死ねば、その肉を小型肉食動物が食べる。最後の掃除は微生物が行う。そしてまた微生物から食物連鎖が行われる。これが自然の法則である。

　人間（日本人）は死んだら火葬を行う。他の動物や微生物が入る余地がない。自然のいろいろな産物を摂食した食物連鎖の頂点は、最後は自然に還元することはない。

現在

➤地球の局所

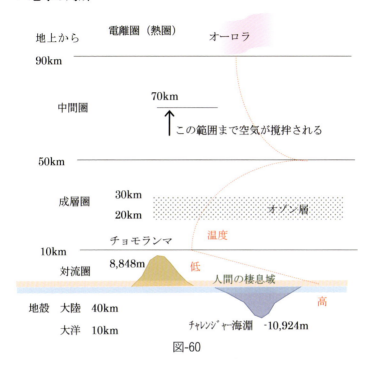

図-60

　オゾン層にあるオゾン O_3 の容積は空気の100万分の1。厚さにすれば約3mmしかない。これが有害な紫外線を吸収する。人間の多くは海抜0mからだいたい1,000mの範囲で暮らす。海中では暮らせない。地上の人間は、大海を知らない底生生物と同じである。

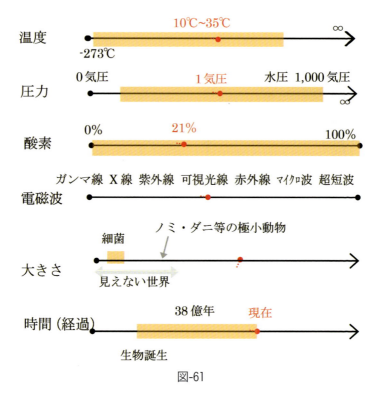

図-61

　最小から最大までを線で表したとき、人間の生存できる範囲は点になる。「温度」はクマムシ（大きさ1mm程度）の例で -250〜150℃で生存可能。「大きさ」は人間の普段の視界の広さを表す。目にする範囲、例えば半径100mを1B（バイト）とするなら、地球の表面積（$5.1 \times 10^8 \mathrm{km}^2$）は10GB（G〈ギガ〉は10億倍）の情報がある。

現　在

➤自然は

地球の活動の産物である。

自然は、地球の爆発によって生じた大量の二酸化炭素を植物で処理させようとした[24]が、植物が増えすぎると今度は草食動物をつくってその調整をはかる。

常にバランスを保とうとする。そこから安定した世界が生まれる。

人間は人工と自然（天然）を区別するが、他の動物は全てが自然である。海に沈む廃棄物も水中生物にとっては自然の恵みである。放置された木工製品も小動物たちの棲家となる。ナイロンの糸をも鳥たちは利用する。地球の奥底で長い時間と高い温度、高い圧力でできた鉱物も、地球で生まれた全てのものが自然の産物である。人間たちが繁栄しその後葬った遺跡も自然はそのままにしておかない。植物を生やし昆虫を棲まわせ動物を育てる。

人はそこに雑草が生えれば草を刈る。樹形が好ましくないと思えば剪定する。家を建てれば、虫が入ってくるからと除草剤と殺虫剤をふりまく。すぐ手を出して自然にまかせるということはしない。そして「自然を守りなさい」と言う。人

---

[24]　最初に海中の二酸化炭素を藻類で処理し、その後地上の二酸化炭素は地上の植物で処理する。

149

間は人間が考える美観だけで「自然」というものを作り上げるのだ。

　本来自然はなにもかも混じり合った汚いものである。それを微生物が長い時間をかけて分解したおかげで、水も空気も浄化され他の生物が棲みやすい環境になる。微生物が最初の「自然の破壊者」なのである。それ以後、生物と自然との「戦い」が繰り返される。

　自然は見返りに有害な紫外線を照射する。それによって多くの微生物が死滅する。生き残ったものは植物を育ててそこに隠れ棲む。すると今度は強風で草木をなぎ倒す。さらに大雨を降らせすべてを洗い流す。そしてそこから這い上がってくるものたちをじっと待つ。

　自然は破壊と生成の繰り返しである。

　自然は有機化合物に生命を与えたが決して永遠のものとはしない。子孫を残すことを許さないかのように、お互いを争わせたり、災害を起こしたりしてすぐ滅ぼしてしまう。自然は非情である。そして生き物は容易く生きられないということを教える。

　本来、生き物の世界は生存競争で成り立っていて、弱いものや環境に適応できないものは自然の掟にしたがって去っていく。それが自然淘汰である。しかし人間だけはこの法則に

現 在

従わない。

　自然は地球のダイナミックな動きに従うが、人間たちの勝手な振る舞いにはついていけない。人間は古来、自然の脅威を防ぐことにその能力を使ってきた。しかしすべて成し得なかった。自然を罠にはめようとするが、自然は歯牙にもかけない。にもかかわらず人間は科学というもので自然を凌駕しようとする[25]。

　自然はかつて人間が成し遂げたものを何一つ残さない。人間の手でつくった台地の上に建つものも、少しの揺れでいとも簡単に壊してしまう[26]。メガトン級であろうがギガトン級であろうが地球のエネルギーは無限である。

　自然はどうして生き物を二つに分けたのだろう（♂と♀）。だからひとつになろうとする。子は自然がつくり出したものなら親は自然に対し差し出す[27]ものだが、動物は意志を持ちそれに逆らうように子を守る。この時、動物は自然に従順でなくなり子は親の所有物となる。

────────────

[25]　原子力や遺伝子操作など。

[26]　2016年の熊本地震では、城内の盛土は地震の揺れを増幅した。

[27]　古代の人は、生け贄と称して無垢の人を殺した。

151

地球は自然をつくり出したが、そもそも自然とは何なのか。それは手を出してはいけないものなのか。地球が求める姿とはどういうものなのか。それは誰にもわからない。わからないから人間は、地球を自分たちに都合の良い世界につくり変える。自然に抵抗し、その独自の世界で生きる人間は果たして生き残れるのか。地球は答えを教えない。

➤多様性とバランス

　今も昔も植物の仲間には苔や草や木がある。動物は草食がいて肉食がいる。生き物は植物同士や動物同士、または植物と動物が関係を持ちながら、競争し合いながら生きている。そしてかれらの仲を取り持つのは環境である。

　生き物は小さい地域でも大きな世界でも多種多様に混在する。しかしある地域では人間によって特定の生き物だけが生存を許される。その地域は隔離され、強制的に人間のために酷使される。

　あるものがいなくなったり新しく陸地ができたりすればその空白地帯に生き物がどっと押し寄せる。移動したあとのところにも別の生き物が移り棲む。そしてやがて落ち着く。

　ある生き物が減少すればその競争相手が増加するという単純なものではない。全体に対するそれぞれの比率や濃度で全体の秩序が保たれているということである。

現 在

　優秀な集団の中で育つ生き物は、その中から存在意義を失った劣等なものが生まれる。劣等な集団からは優れたものが突出する。それは優れたものが自力で成したものではなく、周りからの見えざる力によって突然に変異を起こす。そしてその優れたものを中心に秩序が保たれる。**アリ**の社会も最初はそうであったろう。

　自然は常に競争の世界であるが、競争している当事者は秩序など考えない。自然が考える。自然は自身の環境のもとで、それぞれの員数と総数を調整している。そして動物を♂と♀に分けたのは最初の調整である[28]。

　すべての生き物は「環境」に支配され、「自然」にコントロールされているのである。

➤温暖化

　人々は、地球の平均気温が100年で約0.6℃上がっていることは知っていても、それに温室効果ガスがどのくらい影響しているかは知らない。「温暖化＝温室効果ガス＝二酸化炭素」という極端で単純な発想で、さらに海面上昇や異常気象と結びつける。年平均0.01℃（日本）の温度変化を体感できず、自然現象のメカニズムもわからずに。

───────────────

[28]　爆発的に増えた生物（雌）の中から突然変異で雄が誕生する。

153

地球は非常にゆるやかに、温暖化と寒冷化を繰り返してきた。しかし人間の経済活動で生産される熱エネルギーは、昼でも夜でも、温帯や亜寒帯の地域でも多量に放出される。だからたとえ温室効果ガスが無くなってもその熱は完全には宇宙に放出しきれない[29]。少しずつ熱が蓄積された地球は次第に温度を上げ、その環境変化で植物や動物は進化の度合いを早めなければならない。

　こういうことは地球の過去において数限りなく起きている。もっと短時間に環境変化が起きたことも数多くあったことだろう。その変化の中を生き抜いて、現在の生き物たちがいる。この環境変化に適応できるものは生き残り、できないものは滅びていく。生き物たちはそういう宿命を背負っている。

➤陸上の食物連鎖

　食物連鎖は小さい動物がより大きい動物に捕食されることであるが、個体数はピラミッド型ではなく尖塔型に近い。それらは植物という土台の上に立つ。

　全動物の種類数で昆虫は約70%をしめる。

――――――――――――――――――――

[29]　熱を出さない人間活動というものはあり得ない。

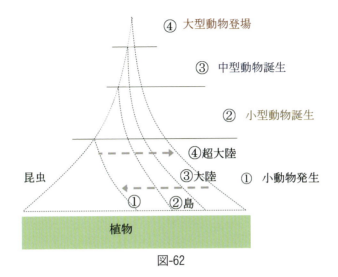

図-62

　昆虫などの小動物は短い時間で生まれ、多くの卵を産み、そして死を迎える。その時間は極めて短いが、かれらのサイクルは速いため、適した気候であれば大量発生になる。

　ここで④大型動物はその時代の食物連鎖の頂点である。

　肉食恐竜が食物連鎖の頂点に君臨していたときまでは、この秩序は保たれていた。新生代に入り肉食恐竜がいなくなればその秩序はこわれ、群雄割拠となる。

　本来、１日に自分の体重の50分の１ほどの食糧を摂ればよいものを（エネルギー効率にもよるが）人間・ネコ科・イヌ科の猛獣は、それらより大きい植物食哺乳類を襲う。

　ときに自然は、かれの意図しない方向へ向かうものである。

➣陸上の生態系

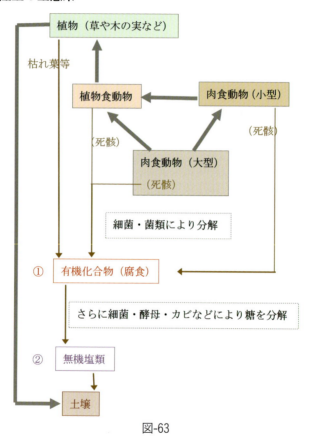

図-63

この逆の現象（②→①→）は生命誕生である。

現 在

➤ 人間の支配

人間に発見されたものはすべて名前を付けられ人間の管理下におかれる。

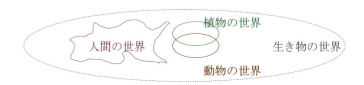

人間アメーバが全てを呑み込もうとしている。

図-64

人間はこの地上であらたな世界をつくる。その中に自然で生きる動物や植物を引きずり込む。しかし動物も植物も、それも自然だと思っている。人間はかれらを支配していると思っている。地中も海中も空中も知らないのに。科学が放っておかないのだろう。たとえ地上のすべてのものを知り得たとしてもそれは地球表面の３割でしかない。

人間は自然環境に対して最も弱い。他の動物たちは「人間が邪魔だ。はやく自然環境が変わってほしい」と願っているかもしれない。人々がどこまでわかって叫んでいるか知らないが、環境保護は動植物に対してではなく、人間自身に対してである。

第六章　運　　命

新自然の法則

➤地球と生命のサイクル

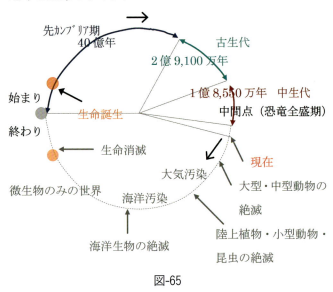

図-65

➢ 変化の概略図

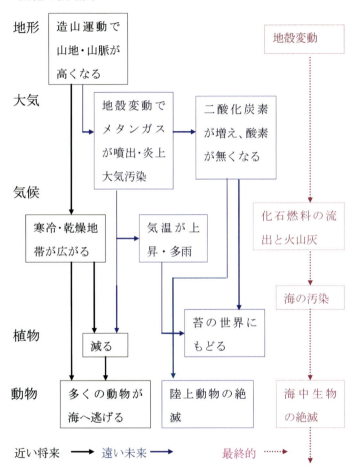

地球は、誕生時の姿になって終わりを迎える。

図-66

生態系の変化

　大型動物は昆虫などの小動物が少し減ればすぐ絶える（図-62の逆の現象④→③→②→①）。

➤昆虫と花の減少

　全世界的に農業の集約化が進む。同時に効率性と利潤を追求するため野菜・果物は過酷さを増す。隔離された栽培地域は人間社会と自然の世界の間（はざま）にある。そこに行き交う昆虫は種類と数を減らす。

　ここで生きる昆虫は、本来この環境に適応するのにどれほどの時間が必要であろう。人間は待ちきれない。

　植物（野菜・果物）と昆虫の関係は、近い将来終わりになるのか。数を少なくした昆虫たちは受粉するためだけに改良され、人間のために身を粉にして働く。自然の進化をしていないものはすぐに病原菌に侵され死んでいく。すると今度は生き残った、生命力の強いものを増殖させる。しかしそのものは病原菌を植物に運ぶ。植物は枯れ、草を食するバッタや身をかくす**コオロギ**などは姿を消す。蝶や**ミツバチ**は花を探すが、自ら蒔（ま）いた種で命を落とす。

　植物が枯れるのは病原菌のせいばかりではない。火山の噴火によって焼かれたり、亜硫酸ガスで枯れたりすることもあ

現在

る。
　植物のなかで環境の変化を一番感じやすいのが花である。次が樹木である。かれらは光や淡水が遮断されると長くは生きられない。最後まで残るのが草である。

➤農業未来図

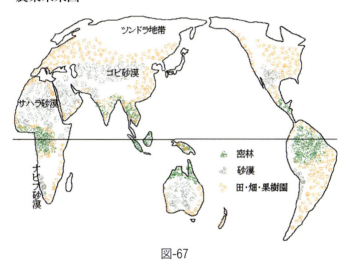

図-67

　近い将来、畑作地はジャングルを囲むように広がる。ほとんどの山岳地帯の裾野(すその)および沿岸部は果樹園となる。内陸部は温帯多雨地域からパイプラインで水を引く。穀物生産地は集約され、過疎となった辺縁部は次第に砂漠化する。
　気候と生態系を無視した栽培は、化学肥料のみを栄養源と

する。植物は気候と栄養のアンバランスで生気を失う。

　森林の伐採は動物たちの隠れ家と食糧をうばったあと、雨が土ごと流し去る。

　陸地の総面積148,000,000km²（地球表面積の約29％）。耕作可能面積をそのうちの1割（森林は全陸地の30％、砂漠は25％、南極大陸9％）とし、世界の人口を70億人とすると1人当たりの面積は0.002km²（約45m×45m）になる。2,000m²で人間1人を養わなければならない。商・工業・住宅地域などの不適合地域もあるため、実際は1,000m²（約32m×32m）もないであろう。この中で穀物、野菜、果樹、家畜およびその餌の生産を行わなければならないが、綿花などの食物外農産物の栽培を考えるときわめて狭くなる。

　農地は果物より穀物と野菜が優先され、果樹園は沿岸もしくは山の麓に追いやられる。そしてその地で育つように新たに品種が改良される。草原は畑作地になり家畜の放牧はなくなる。牛舎・養鶏場・養豚場は工業地帯になる。ステップ地帯には綿花が栽培される。

　農地は過酷な生産を強いられる。土地はやせ、穀物は減少する。すると新たな土地を開墾する。人間はジャングルを切り拓いたあと、山の裾野からだんだん上へあがっていく。

　野生の動物は追いつめられる。人間の縄張りに侵入してき

現在

たものは、人間たちの餌となる。

➤脊椎動物の減少

　かつて恐竜が絶滅したように進化[30]し得なかった動物が姿を消す。そして新しく誕生した動物から次々に倒れていく。かれら新しい動物は、生存競争に勝利し生き残ったものばかりではない。競争相手がいないところで生きてきた動物も倒れていく。

　遠い昔大きな環境変化を何度も経験した先祖が残した「耐える遺伝子」を、大事に持ち続けたかれらの子孫が最後まで生き残る。かれらはその遺伝子を復活させる。同時に、使わないまたは使えない遺伝子は消去される。

　寿命が短いもの、おもに小型の動物は世代交代がはやい。それは環境変化に対応しやすい。一方、大型の成体までの期間が長い動物は急激な環境変化についていけない。

　四つ足動物は自然とカラダを小さくする。小型動物が土の中にかくれると、その動物をねらう鳥は仲間の鳥を襲う。鳥たちは各種ごとに絶海の孤島に逃げる。そこで生き残るには

---

[30] 環境に適応し生き残ったものだけが進化と言われる。将来そういうふうになると思われるものでも、生まれた時代が早すぎて生き残れなかったものは進化と呼べない。

163

食糧を海に求めるしかない。しかし海が汚染されるともう生きていけない。鳥たちがいっせいに絶滅する。他の陸上の脊椎動物よりも早く。繁栄し絶頂期をむかえたが、その期間は短く終わる。

人間社会の変化

　国家という概念が崩れようとしている。身近なところから大きくなっていった組織が、人々の許容する範囲を超えてしまっている。その囲いの中にはあらゆる人種の欲と悲しみがうずまいている。これまで「囲い」は、同じ価値観でくくるか、地域で分けるかだったが人々はこの「囲い」が無用であると気づきはじめる。大きな組織から小さな組織への転換は自然の流れである。

　民主主義崩壊の予兆はすでにあった。個人個人がぶつかり合い、全体もしくは集団が瓦解する。許容する心が欠如し調和はとれない。全体を統治する機能が失われて、政治は国民（の欲の）代表から官僚と専門分野の学者に委ねられる。それでかろうじて立法と行政は保たれる。しかし沸騰した国民の不満は収まらない。司法は名ばかりになり、復讐の空気が世の中を支配する。

現　在

　将来の使用済み核燃料いわゆる「核のゴミ」の処理について、学会と官庁のせめぎ合いが続く。科学者は研究によって放射能の無害化をうたい、官僚はその根拠と実効性を問う、がどちらも譲らない。政府はその板ばさみで判断に迷う。成功には失敗がつきものである。たとえ人体に影響するものでも。政治家も科学者も誰もがそう思っている。国民が人体実験されるのである。一方で、月面ないし他の惑星へ「核のゴミ」を投棄する計画が着々とすすむ。状況は切迫している。時は待てないのである。

　モノは極力小型化・軽量化される。離島間の物資の輸送は、フェリーからロケットへかわる。しかし人間の輸送はまだ開発途上である。ロケットの内部に核シェルターを作っても役所が許可しない。着地の衝撃に耐えられないからと言う。

　経済が膨張し巷ではモノがあふれかえっている。かれの狭い部屋でもモノがあふれ、足の踏み場もない。それでも欲しいものを見つけ出してそこに押し込もうとする。満足したかれはそこで一服し、あとは何もしない。満足は人を堕落させるだけである。

　道路には人影はない。無防備で外には出ないのだ。人間のカラダは外に出るときは車内に、そして普段はビルに守られ

ている。空き地には雑草が生え、どこが公園かわからない。一歩足を踏み入れると沼地にはまってしまう。腐敗臭が漂いハエと蚊が襲ってくる。犯罪が多発した都会はすっかり様変わりしている。

➤最後の人間

　青白い人間がバタバタと倒れていく。かれらの主食はサプリメントで肝臓の機能を弱くしたためである。次に青白い人間が病に伏す。病原菌のみならず常在菌も排除しようと潔癖な衛生で毎日を送った人間がそこにいる。しばらくすると肥満の人間が精神疾患を起こす。脳の味覚分野が麻痺し他の領域にまで影響したためである。

　子どもは土を離れ、コンクリートとアスファルトの上で、さらに断熱材と防虫剤に囲まれ風もない空間で育つ。目にするのは半径３ｍの景色と、常に動いている四角い映像だけである。会話もなく言葉も忘れがちになる。目はうつろである。箸を持つ手がふるえ意識が遠のく。泡を吹いて倒れる。が、そこに親はいない。

　病院は患者を受け入れられず街にはさまざまな患者が徘徊する。それは健全な人間にまで影響し街はゴーストタウンと化す。最後、時代はかれらをその地に埋葬し痕跡を消し去る。

現　在

　数百年の後、人間が築き上げた世界が終わりに近づいている。すでに政治も経済も成り立っていない。「真の民主主義を」と掲げるものたちの間では何も決まらない。ついこの前まで協力し合っていた仲間がいがみ合うようになる。強欲がコミュニティを破壊する。もうそこには自然に委ねるという考えも働かない。野生の本性がよみがえる。

　人々はわれ先に食糧をあさる。穀物を独占するもの、家畜を盗むもの、獣を追いかけるもの、果物をさがすもの、そして海に出るもの。人々は狂ったように走りまわる。穀物は虫や鳥に狙われ、家畜は凶暴となる。獣は遠くへ逃げ、果物は腐敗が進み、海は荒れ狂う。

　数千年後、都会には数人の人間がビルの中で身を守っている。人々が去ったあと、置き去りにされた家畜を獣が襲い、そこに居着いて離れない。土はないが雑草や隠れ家はある。山から下りてきたもの、檻をこわしてにおいをかぎつけてきたもの、さまざまな獣が徘徊する。

　木の陰でこちらの様子をうかがう獣がいる。男は身を守る術を知らない。片足を置いて這って逃げる。獣は血のあとを追う。男は力尽き、両者が対峙する。もう勝負はついている。そこに男の声はなく茂みの中で獣の頭がはげしくゆれる。

167

さらに数万年が過ぎる。地上は暖かくなり温帯地域が高い緯度まで広がる。世界各地に散らばっていた人々は亜熱帯地域のある一カ所に集まる。そこは最近噴火した火山のカルデラ湖である。強烈なイオウのにおいが他の動物をよせつけず、酸性の土壌は草木も生やさない。

　人々は爬虫類のように体温を上げて行動する。酸素が薄くそれに順応したカラダが冷血動物にする。頭蓋骨の大きさは以前のままだが脳が縮小する。言語障害、記憶喪失、四肢疾患等あらゆる症状を人間は持ち合わせる。

　食糧はこの地に迷い込んだ小動物や鳥たちである。沸騰している湖と、外輪山から流れ落ちる淡水で生命を維持する。

　外の世界は何もわからない。ただ低い轟音と鳥の鳴き声だけがかれらの知る外の世界である。長くもなく短くもなく、時間の観念がないかれらは再び噴火するまでこの地で生き続ける。

　人間はこれまで栄養の摂取や病気・ケガの治療で、その寿命を50年から80年へと延ばしてきた。しかし栄養も治療も他人の力である。今は自分一人で、助けるものは誰もいない。カラダは治癒力が低下し、寿命は40年まで縮む。今のかれらにとってあとどのくらい生きられるかは、寿命ではなく、飢餓の問題なのである。

現　在

地球の破壊

①酸性雨

　人間が豊かな生活のために、石油・石炭を燃やし続けた結果、大気中には硫黄酸化物や窒素酸化物が漂う。それらは雨・雪などによって浄化されるかわりに、湖沼や土壌を汚染する。酸性の強い水によって湖に棲む魚は死に、森林の草木は枯れる。

　空気がきれいになるころ、次なる破壊が起こる。

②大噴火

　○○火山の噴火によって大量の火山灰が噴き上がる。火山灰や塵などの微粒子が大気中を浮遊し、太陽光をさえぎる。一部の微粒子は地上50kmの成層圏上部にまで達し[31]、太陽光によって化学変化を起こす。

　噴火は周期的に起こり、そのたび大気は火山灰に覆われる。火山は崩壊し噴火口を埋める。行き場を失ったマグマと水蒸気はふたたび大爆発を起こす。

---

[31]　1991年フィリピンのピナトゥボ火山の噴火は、噴煙の高さが35kmまで達した。

③放射性物質

過去の人間が将来を真剣に考えなかったせいで使用済み核燃料が大量に生み出される。その時の豊かな生活と引き換えに、有害な副産物が未来の生き物たちを苦しめる。

かつて地下深く埋蔵された使用済み核燃料の格納容器は、長期の地殻の動き（圧力）に耐えきれず破壊される。放射性物質は、ガスとともに埋め戻された削孔跡を伝わって地上へ放出される。地上にはすでに人間の姿はない。わずかな雑草が命をつないでいる。塵などの放射性物質が空中を漂い、その雑草もまたたく間に枯れてしまう。

④大爆発

プレートの動きは速くなり、海底のあらゆるものを押しつぶす。プレート境界では海底の近くまで押し上げられていた石油の層がさらに上昇し破壊される。黒い油とメタンガスが海の底から死の海に変える。陸上では水圧の押さえがなく黒い液体がガスとともに止めどもなく噴出する。

かれは老体にむち打って中東へ来る。昔の人間が去ったあと、油田地帯の油井はそのままである。時間が過ぎて櫓がこわれ、井戸がむきだしになっている。

地下で金属鉱床に断層がはしる。そこにメタンガスが入り込む。断層がこすれて火花が発生。ガスに引火し地下で大爆

発を起こす。ガスが油井を吹きとばし炎は井戸をかけ上がる。炎を追って地上へ流れ出た石油は真っ黒い煙を吐く。暗黒の中で赤い光が見え隠れする。たちまち大地は焼かれ黒い灰の世界になる。

時　間

　生命誕生の初期を思い浮かべてみる。

　時間の経過で生まれ、死んで、太陽の光でも生まれ、亡くなる。それらは、生まれても生命活動が維持できず、太陽の光で成長しても、その紫外線で死滅してしまう。それでも生きようとするかれらの挑戦は今も続いている。見方によっては、生まれてきたのは偶然の奇跡であるが、数限りない生死の繰り返しの中で、いま生きているのも奇跡なのかもしれない。

　はるか遠い昔、古代の藻類（植物プランクトン）と動物プランクトンは、太陽からのエネルギーをうけて化石燃料として地中深く埋蔵されているが、その死骸の厚さとそれに要した時間の長さ、分解処理した時間の長さはどれほどであったろう。無尽蔵とも思える石油の消費を見るとついこう考えてしまう。

万物が持つ「時間」というものは、本来同じ次元である。しかし生き物が抱く時間はおのおの違う。生き物は自分が基準である。心臓が小さく脈拍がはやい小動物は1日が長く、脈拍がおそい動物は短いと言うだろう。植物は1年を単位とし動物は1日を基準とする[32]。人間の時間の長さの観念はその人の過去および現在の記憶が基となる[33]。

　地球の時間からすれば無脊椎〜魚類〜両生類〜爬虫類〜哺乳類の進化の時間は長くはない。ましてヒトの進化は一瞬である。しかしわれわれの時間の基準（その人の一生）からすれば永遠とも思える長さである。それゆえか、現在の人々の多くは、人間の子孫は永遠につづくと信じている。

　これまで、そしてこれからの地球の物語の中で、この時代はデジタル化されたデータのように文字（歴史）や色（風景）が次から次へ簡単に上書きされ、現在の画像（世界）はすぐ消されてしまうだろう。

　果たしてわれわれは化石として残るのだろうか。かつて人間がそこに存在したかどうかは地層が証明する。しかし発見

---

[32]　海の動物の1日は月に対してである（24時間50分）。

[33]　過去の記憶が密に詰まっていれば、今の時間の流れも遅いと感じる。高齢になると記憶がうすれ時間が経つのが速い。

172

するものはもういない。そして生き物はすべて自然がつくる地層時代という時間の中に埋葬されるのである。

回　想

　目ざめたのは翌朝の８時であることは覚えている。しかし寝ぼけて２時間ほどは記憶にない。やっと活動し始めたのは10時になってからだ。

　10時、海へ釣りにでかけるがまだ魚はいない。かかるのはナマコやワカメである。仕方がないので貝で遅い朝食をすませる。

　10時20分、海岸を歩いていると、苔で足を滑らせる。海をよく見ると魚が泳いでいる。

　10時30分、海をあとにして川をのぼる。川岸にキノコを発見する。10分ほど歩くと沼地にはまる。それをカエルが見て笑う。

　10時50分、ここは雑草地帯である。トンボ取りにでかける。

　11時、ヒヨコを見つける。もっと大きい卵はないかと10分ほど探すと、恐竜の卵があった。しかし怖い親が守っている。すると突然追いかけてくる。急いで茂みにかくれる。40分ほどして森から出て様子をうかがうと、恐竜の姿が見えな

くなった。

　時計を見るともう11時50分である。まばたき1回するごとに10万年の時が過ぎる。急いで先祖を探さなくてはならない。12時まで残りわずかだ。

　かれは走り回る。すると雲行きがあやしくなり、突然吹雪になる。あっという間に雪が積もりあたりは銀世界である。雪を避けるため洞窟に入ると、そこでは人間がたき火をしてカラダを暖めている。

　かれには12時以降の予定がない。何をしていいのかもわからない。しかしかれは知っている。あと16時間生きられても、途中で天災にあって死んでしまうことを。

　洞窟の人間に聞いても何も教えてくれなかった。これから自分はどうすればいいのか、誰か教えてくれないか。心の中でこう叫んでいる。

未来から

　無情にも時間は過ぎていく。人の姿が遠くなる。手をのばしても届かない。かれは伝えるべきことを声にするが、それが幾人の人間に届くのか。

「あなたたちが描いた未来に来ています。20年先をみた人にはその位置に、50年後をみた人にはその場所に、100年後であればそこにわたしはいます。あなたたちがいる時代は、過去の人たちが描いた世界です。みんなそこに向かって歩んできたのです。年寄りと一緒になってドップリ浸かっていてはいけません。

　これからも世の中は変わっていくでしょう。『今』の時代はあなたたちの考えとは違う世界だけど、それは素直に受け入れ、今後の世界を描き目指して進むのです」

嘉栄　健ハル（かえい　たけはる）

1957年熊本県生まれ。八代工業高等専門学校（現熊本高専）卒業。同年中堅建設会社に入社し、主に関西地方と四国地方で勤務。15年勤めて退社。その後郷里に帰り、地元の建設会社、社会保険労務士事務所、建設会社と転職・退職して現在に至る。

時空の旅人

2017年10月28日　初版第1刷発行

著　者　嘉栄健ハル
発行者　中 田 典 昭
発行所　東京図書出版
発売元　株式会社 リフレ出版
　　　　〒113-0021　東京都文京区本駒込 3-10-4
　　　　電話 (03)3823-9171　FAX 0120-41-8080
印　刷　株式会社 ブレイン

© Takeharu Kaei
ISBN978-4-86641-091-3 C0040
Printed in Japan 2017
落丁・乱丁はお取替えいたします。

ご意見、ご感想をお寄せ下さい。

［宛先］〒113-0021　東京都文京区本駒込 3-10-4
　　　　東京図書出版